周尽喜 ◎ 著

蛋鸡养殖技术精解

DANJI YANGZHI JISHU JINGJIE

 中国农业科学技术出版社

图书在版编目（CIP）数据

蛋鸡养殖技术精解／周尽喜著. -- 北京：中国农
业科学技术出版社，2024.9.（2025.5 重印）

ISBN 978-7-5116-6997-1

Ⅰ. S831.4

中国国家版本馆 CIP 数据核字第 2024XP5370 号

责任编辑	张国锋
责任校对	李向荣
责任印制	姜义伟　王思文

出 版 者	中国农业科学技术出版社
	北京市中关村南大街 12 号　　邮编：100081
电　　话	（010）82109705（编辑室）　　（010）82106624（发行部）
	（010）82109709（读者服务部）
网　　址	https：//castp.caas.cn
经 销 者	各地新华书店
印 刷 者	北京中科印刷有限公司
开　　本	148 mm×210 mm　1/32
印　　张	6.25
字　　数	200 千字
版　　次	2024 年 9 月第 1 版　2025 年 5 月第 3 次印刷
定　　价	48.00 元

前　言

养鸡行业历来是农业的重要组成部分，它关系着食品产业链的稳定和国民健康。蛋鸡养殖，作为产蛋行业的重要支柱，在科学养殖方法和技术的支撑下，极大地提高了产蛋率，降低生产成本，从而增加农户的经济收入，推动农村经济的发展。本书正是为了响应当代养鸡业者在求知求技上的殷切期望，将理论与实务完美结合，提供一把探索养鸡技术的金钥匙。

《蛋鸡养殖技术精解》融合了现代养殖技术与实操经验，详尽阐述了蛋鸡养殖的全过程，包括当前我国蛋鸡养殖的基本情况概述、存在的主要问题、未来发展趋势、品种特点与选择、鸡舍建设、环境控制、蛋鸡的营养需求、蛋鸡不同阶段的饲养管理、饲料配方优化及饲料添加剂的使用、影响蛋鸡产蛋性能的因素及调整措施、蛋鸡养殖中常遇到的问题及改进方案等多个重点领域。作者通过深入浅出的文笔和丰富的图表，帮助读者描绘出蛋鸡养殖的完整蓝图。无论您是刚入行的新手，还是已有一定经验想要提高效益的养殖户，本书都将为您提供宝贵的信息和启迪。

蛋鸡养殖技术的精进关乎生产力的提升及产品质量的提高。随着科研技术的不断进步和消费者对安全、营养食品的需求增加，养鸡业必须遵循可持续的发展原则，将高效和环保放在同等重要的位置。本书著者认真考量了目前蛋鸡养殖面临的挑战与机遇，将理论研究与市场需求相结合，提出了创新并具有操作性强的养殖模式，贴合时代发展的趋势。

我们了解到，成功的蛋鸡养殖不仅需要先进的技术，更需要丰富的实践经验。因此，在编纂《蛋鸡养殖技术精解》的过程中，作者走访了多位资深养鸡专家和一线养殖户，融入了他们宝贵的实操经验，真正做到了理论与实践的有机结合。这些一线的声音和案例将会让本书更加贴近实际，带给您一份切实可行的操作指导。健康养殖、绿色消费、品质生活，正成为现代社会的普遍追求。本书将助您一臂之力，不仅增长知识，更在实践中收获成果。在未来的日子里，愿每一位致力于蛋鸡养殖的朋友都能在充满挑战与机遇的道路上，收获成功与喜悦。

最后，感谢每一位为养鸡事业努力的从业人员，是你们辛劳的耕耘，才有了今天这个充满希望的产业。愿《蛋鸡养殖技术精解》成为您宝贵的参考和伴侣，并希望读者在养殖的道路上取得更多的成就。由于编者水平以及掌握的资料内容有限，书中内容难免存在不足与纰漏，敬请读者在使用时不吝批评指正。

编　者

2024 年 5 月

目　　录

目　录

第一章

概　述

第一节　当前我国蛋鸡养殖基本情况

蛋鸡产业是现代畜禽养殖的重要产业，与农产品经济增收与食品安全稳定紧密相关。近年来，我国的蛋鸡养殖产业结构不断调整，蛋种鸡本土化的趋势越来越明显，养殖模式不断出新。受市场和成本影响，蛋鸡养殖的利润呈现一定波动，整体上蛋鸡养殖业仍以"小规模，大群体"为特点，并且养殖利润较低。

一、养殖规模

经抽样调查分析，我国大部分省份的蛋鸡平均养殖规模为 8 万 ~ 11 万只，全国平均单场蛋鸡存栏规模在 9.7 万只。其中存栏量在 1 万~5 万只的养殖场数量占比最高，约 45.54%，养殖数量在 5 万 ~ 10 万只的占到 15.49%，养殖规模在 10 万~20 万只的占比较低，仅为 14.08%，养殖数量在 20 万只以上的占比为 14.55%，而养殖规模在 1 万只以下的占比最低，仅为 10.33%。由于受到气候应激、疫情和市场价格等影响，各大养殖场中的笼位空置率较高，平均空置率约为 25.4%。

调查发现，蛋鸡养殖场的规模越大，其标准化程度越高，标准化场的占比也越高，其中以养殖规模在 20 万~100 万只的养殖场标准化率最高，占比为 80.65%，全国抽样调查的标准化蛋鸡养殖平均占比约 34.27%。

二、生产性能

2023 年全国禽蛋总产量为 3 456.4 万 t，全国蛋鸡养殖场的生产性能比较平均，产蛋率平均维持在 95%，料蛋比约（2.05~2.1）：1，略高于发达国家 92%~95% 的平均产蛋率，（2.1~2.2）：1 的料蛋比，平均产蛋时间 450~500d，若采取强制换羽等措施，则部分蛋鸡的产蛋期可延长至 700d，蛋鸡养殖的整体生产性能逐步达到先进水平。

三、机械化程度

随着蛋鸡养殖规模的扩大，规模化养殖场的机械化程度也逐渐提高。规模在 20 万只以下的养殖场多采用阶梯式笼具（占比为68.08%），其余采用层叠式笼具（占比 31.92%）。但随着养殖规模的扩大，层叠式笼具的使用比例逐渐上升，规模在 20 万~100 万只的养殖场中层叠式笼具的使用比例达到 83.87%。

喂料设备以配套自动上料设备和料塔为主，其中有配套自动上料设备的养殖场占到 80.28%，有料塔的养殖场占比为 34.74%。并且随着养殖规模的扩大，两种设备的使用占比也明显升高，养殖规模在20 万~100 万只的蛋鸡场配套自动上料设备和料塔的占比分别为96.77% 和 67.74%。机械喂料的养殖场中有 46.95% 的以行车式喂料，部分采用播种式、链板式和绞龙式喂料方式减少。95.31% 的养殖场采用乳头式饮水。

随着养殖规模的不断增加，人工集蛋的方式逐渐减少，机械集蛋比例升高，20 万~100 万只养殖规模的鸡场中机械集蛋占到 94%。

规模化蛋鸡养殖场中机械清粪已经成为主流，占到清粪方式的92%，其中以刮板式清粪占比最高，约 64.32%，随着养殖规模的进一步扩大，传送带式清粪占比逐渐增大，这也与层叠式笼具的使用比增加有关。

当前规模化养殖场主要采取"湿帘+风机"的机械降温模式，少部分养殖场采取风扇、喷雾或者水空调的方式。

四、养殖利润情况

2023 年上半年鸡蛋的平均价格为 5.14 元/500g，淘汰鸡的价格维持在 5.75 元/500g，鸡苗价格也处于相对较高位置，约为 3.69 元/只，与前 2 年相比，价格均有所回升，但鸡蛋的价格涨幅有限。蛋鸡养殖成本不断提高，特别是饲料成本提高了 16.27%，而鸡蛋饲料的成本占到总养殖成本的 93.62%，这也意味着蛋鸡的养殖成本随饲料成本不断提升。据统计，我国禽蛋的总产量维持在 3 500 万 t，市场规模维持在 3 000 亿元。整体来看，虽然近两年鸡蛋的价格呈现不断上升的趋势，但成本利润率仍然较低。

第二节　蛋鸡养殖业存在的主要问题

中国蛋鸡养殖业高速发展的同时，也呈现出较多的问题，已成为我国蛋鸡养殖业向高水平发展的阻碍。

一、饲养管理水平不均衡

虽然我国蛋鸡养殖规模化、集约化水平得到了大幅提高，但放眼全国，蛋鸡养殖仍然呈现出小规模、大群体的特点，标准化和规模化养殖的占比较低，且呈现出区域发展不平衡的趋势，各养殖场的饲养管理水平也存在着较大的差异。部分养殖场生产设备简陋，饲养管理措施落后，整体生产水平不高，导致养殖场内疫病频发，蛋鸡的死淘率高，产蛋高峰期短，产蛋率低，生产成本高，应对市场行情波动的能力弱，难以取得理想的经济效益。此外，部分小型养殖场缺乏专业的管理人员，或者从业者年龄较大，标准化、科学化的水平不高。容易造成蛋鸡饲料营养调整方向不正确等问题，冬季营养能量不够而蛋白过剩，致采食量增加，饲料浪费增加，未消化的蛋白质增多，导致环境氨污染，引起呼吸道疾病，更重要的是蛋白被迫转化为脂肪储存在体内，这是鸡群出现脂肪肝的主要原因。而到了夏季，饲料日粮调节不力，尤其是伏天的饲料营养不足，导致蛋鸡初产期和产蛋高峰期体质差，产蛋量减少，高峰时间短，经济效益低，永远要记住开产后的体重大小与能量成正比，与蛋白成反比，除非是蛋白过剩引起毒副作用，体重才会超大，否则一定遵循规律；大部分蛋鸡场没有专用的开产料，易造成营养负平衡；没有专用的淘汰鸡专用饲料，淘汰体重小（能量、氨基酸偏低）。

二、疫病防控难度增大

疫病是蛋鸡规模化养殖所面临的巨大挑战，随着禽流感、传染性支原体、沙门氏菌、新城疫等传染性疫病的流行，微生物的变异速度越来越快，且毒株的毒力逐渐增强，而规模化养殖的蛋鸡抵抗力却逐渐降低，导致当前蛋鸡养殖的发病率和死淘率越来越高，蛋鸡的生产性能不高，疫病的防治成本越来越高，严重影响蛋鸡养殖业的健康可持续发展。

三、环境保护压力逐渐加大

随着绿色可持续发展战略的提出，畜禽养殖业对土地资源和环境消纳能力的要求受到严格限制，特别是养殖规模较大的蛋鸡场，对粪污处理设备的要求远高于肉鸡养殖场，加上多数小型养殖户不愿投资粪污处理设施建设，导致产生的粪污无法被及时消纳，对周围环境造成严重污染破坏，同时也影响着蛋鸡群体的健康，对未来蛋鸡产业的可持续发展危害巨大。

四、受价格波动影响大

鸡蛋的毛利率一直较低，尤其是规模化养殖后产量相对提高，也导致部分低端竞争导致的价格战，各养殖企业纷纷通过压缩各养殖环节的成本来扩大养殖效益，最终影响鸡蛋的品质，严重的还可能引发食品安全问题，形成恶性循环。此外，鸡蛋的价格波动较大，侧面反映出蛋鸡产业发展的不成熟性，缺少一套完善的运营机制，受到价格大幅波动的影响，给养殖农户和消费市场带来较大的负面影响，也阻碍了蛋鸡养殖业的健康稳定发展。

五、养殖用药受限

由于抗生素滥用导致耐药性和药物残留等问题日趋严重，国内外对抗生素的使用格外重视，并颁布了"禁抗"令，进一步限定了抗生素类药物的使用品种及范围，我国也规定除了中成药之外的促生长添加剂严禁使用抗生素。同时，随着食品安全问题越来越受到相关部门的重视，蛋鸡养殖使用的药物，特别是蛋鸡产蛋期间的药物必须严格遵守国家规定，并且严格遵循休药期规定，目前蛋鸡产蛋期间可使用的抗生素类药物越来越少，甚至面临无药可用的境地，这也是蛋鸡养殖场提高饲养管理策略，开启"绿色无抗养殖"理由。

第三节 中国蛋鸡产业未来发展趋势

随着社会各界对环境保护的重视，蛋鸡产业也将向着绿色生产方向发展，促进蛋鸡养殖环境友好、资源利用高效。同时也面临着全球蛋鸡产业的竞争，未来的发展需要适应全球市场的需求。

一、蛋鸡养殖呈现规模化

现代化、标准化规模养殖是中国蛋鸡养殖发展的必由之路。结合当代数智化技术推进现代化养殖，不仅能够提高养殖效率，还能推动规范化养殖，降低养殖成本和蛋鸡的死淘率，保证产品高质量。

二、注重打造高质量品牌

在全球化市场化的进程中，只有不断提高自身创造能力，才能不断打破地域限制，将自己的品牌推广出去。就当前中国鸡蛋市场的行情来看，单纯的低价和所谓的噱头，并不能成为中国蛋品市场的核心竞争力，真正的品牌应从蛋鸡的种源做起，从日粮到养殖、生产、销售的各个环节都做到有源可溯，注重每一个环节的"高端"，需要时时将有效竞争力的品牌体现出来。

三、做好生物安全和疫病防控

做好养殖场内的生物安全和疫病防控，是确保蛋鸡养殖场高质量发展的前提。随着各类疫病的流行传播趋势增强，以及变异速度的加快，未来疫病防控仍然是养殖场重点关注的对象。且养殖企业需建立生物安全隔离区，形成联防联控、综合性防控屏障。

四、发展绿色、无污染养殖

为减小畜禽养殖对环境的影响，未来发展绿色、无污染的养殖模式将逐步形成。通过改善养殖和粪污处理设备，采用发酵、生产有机肥料等粪污循环处理模式等，不仅降低了对环境的污染，还改善了蛋鸡生长的环境，在一定程度上降低了疫病传播流行的可能，同时实现了粪污的再循环利用，进一步提高了养殖的经济效益。

五、精准营养成为主流

在疫病流行加剧、兽药使用范围受限、养殖环境污染等多重压力之下，通过精细化养殖技术，提高蛋鸡的健康水平，减少疫病发生概率，通过精准营养与动态配方，确保蛋鸡的营养摄入能够满足自身发育与产蛋需要，确保较高的生产水平，是未来蛋鸡养殖业保持良好利润、提升自身竞争力的重要手段，也是现代养殖业的战略与战术。

以脂肪肝为例，关于其成因存在多种观点，如能量过高、油脂过多、能量与蛋白质比例不合适、蛋白质过剩或胆碱缺乏等。需要找准问题的成因，只有明确了方向，战术调整才能发挥真正的价值。否则，我们可能会在错误的道路上越走越远。动态配方正是基于这种战略定位而进行的战术调整。它要求根据不同鸡群、不同阶段、不同环境以及不同的健康状况，甚至鸡蛋的销售模式，有针对性地设计符合当前鸡群需求的配方。这样，鸡群在保持健康的同时，能够充分发挥其生产能力，从而实现鸡场收益的最大化。

随着养殖业的不断发展，品种的改良以及营养和管理方法的进步都显得尤为重要。在养鸡过程中,不再仅仅满足于让鸡活下去、长大并产蛋,而是希望它们能够更健康、更高效地生产。为实现这一目标,我们提出了一种方案——采用动态配方的精准营养策略。

动态饲料营养的设计需要综合考虑四重因素。

首先,我们需要确保饲料中的营养成分能够满足鸡只在不同生长阶段的需求。这包括能量、蛋白质、氨基酸、矿物质和维生素等各种营养成分的合理搭配和平衡。其次,我们需要考虑饲料的消化吸收率。不同品种的鸡对饲料的消化吸收能力有所差异,因此我们需要选择适合鸡只消化吸收的饲料原料和配方。同时,饲料的适口性也是非常重要的因素,它直接影响到鸡的采食量和生长速度。最后,我们还需要关注饲料的安全性。确保饲料中不含重金属、禁用药物等有毒有害物质,避免对鸡只和人类健康造成潜在威胁。

六、抗病营养至关重要

随着人们对食品安全问题的关注度进一步提升,以及国家对抗生素滥用的监管力度进一步加大,推广无抗养殖成为主流趋势。目前,已有大地、海阳鼎立、益生种禽等多家蛋鸡养殖企业开始探索减抗、替抗产品,并且已经发现几种具有替抗效果的中草药饲料添加剂,表现良好的效果。但使用药物仍然不能完全杜绝疾病所带来的危害,树立抗病营养观念,通过健康的养殖技术,减少蛋鸡的发病率,成为未来养殖业高效益角逐的重点环节。当前蛋鸡养殖,仅仅满足基本营养并不够,我们还需要促进鸡只对营养的吸收和消化,因为无论营养含量多高,如果鸡只无法有效吸收,那么这些营养都将白白浪费。因此,在饲料的选择上,我们应注重其易消化性和吸收性,确保鸡只能够充分利用这些营养。此外,我们还需要关注营养的转化效率。毕竟,转化的效果才是我们最终的追求。只有营养被有效转化,才能提高鸡只的生产性能,实现理想的料蛋比。因此,在养鸡过程中,我们需要不断优化饲料配方,提高营养的转化效率,当然,高产的蛋鸡离不开鸡群的健康。为了确保鸡只的健康,需要注重抗病营养和保健营养的摄入。

抗病营养是指通过营养手段提高鸡只的免疫力，增强其对疾病的防御和抵抗能力。这样不仅可以减少药物的使用，降低对环境的破坏，还能提高鸡只的生产性能。营养是一切生命活动的物质基础。它不仅影响着鸡只的生产潜力和效率，还决定着鸡只的健康状况。因此，我们应强调健康饮食的重要性，为鸡只提供全面均衡的营养，确保它们能够健康生长。有些鸡场总是疾病不断，这往往与前期培育不足有关。产蛋后的成绩很大程度上取决于产蛋之前的培育工作。

第二章

蛋鸡品种介绍

第一节　蛋鸡品种的选择与引种

蛋鸡的品种选择以及科学的引种管理，是确保后续良好养殖成绩的基础保障。

一、选择蛋鸡品种时需要考虑的因素

（一）产蛋性能好

产蛋量是养殖场选择蛋鸡品种的重要考虑指标。养殖场应选择料蛋比低、产蛋量高、产蛋高峰期长的品种，以获得更高的经济效益。在市场价格稳定的状态下，养殖效益受到产蛋量的直接影响，此时产蛋量越高，则经济效益越大。当前的养殖企业基本都有自己的产蛋量标准曲线，虽然在竞争日趋激烈的情况下，多数品种的产蛋量曲线趋于一致，但由于饲养管理水平的不同，仍然存在细微的差别，这也是当前各大蛋鸡养殖企业追求的精细化养殖"微利"，因为产量上的细微差距是养殖企业经济收益差距的主要来源。

（二）适应性、抗病性强

选择蛋鸡品种另一个需要重点考虑的因素是适应性和抗病性。选择对环境、气候适应性强，耐受力、抗应激和抗病能力强的蛋鸡品种，可减少养殖过程中各种疾病的发生概率，降低蛋鸡的死淘率，提高养殖的经济效益。另外，我国幅员辽阔，南北方气温差异较大，在选择品种时应充分考虑地域差距，例如北方秋冬季节天气寒冷，选择

耐寒性好的品种，可获得更高的经济效益；而南方夏季天气炎热潮湿，可选择耐热、抗应激性强的品种，可减少热应激造成的损失。蛋鸡品种与产蛋期的成活率有较大的关系，成活率高不仅可以提高产蛋量，还可以提高淘汰鸡的出售数量，提高淘汰鸡的销售价格。

（三）体重、大小适中

规模养殖场多采用笼养方式养殖，应选择体型大小适中、节约粮食的蛋鸡品种，可节约饲养空间，提高养殖效率。对于放养的则须选择体重较轻，结构紧实，个体较小、活泼好动、觅食能力强的品种，有利于其自由采食野草、昆虫，减少全价饲粮的成本。

（四）饲料报酬高

考虑高产蛋量的同时，还需要充分考虑蛋鸡的饲料报酬，如果仅须消耗少量的饲料，就可以取得较高的产蛋量，则养殖所取得的经济效益就高，反之虽然获得了较高的产蛋量，但耗料过多，大幅增加了饲料成本，也不能获得较高的经济效益。在养殖中可通过蛋料比衡量饲料报酬情况，目前大多数养殖企业具有自己的一套蛋料比，蛋料比越小，同时产蛋量较高，则可取得较高的经济效益。在选择蛋鸡品种时，需要综合考虑产蛋量和蛋料比两方面因素。

（五）充分考虑市场需求

不同地区、不同人群对鸡蛋的消费喜好不同，养殖企业可充分考虑不同地区人群对鸡蛋的消费习惯，如有的喜欢褐壳蛋，有的喜欢白壳蛋，有的喜欢大蛋，有的喜欢小蛋，养殖场可选择合适的品种养殖。在选种之前可进行市场调研，摸清消费者的喜好。此外，当前消费者更认可绿色健康的食品，养殖场应顺应潮流，注重选择蛋品质高的品种养殖，以满足市场的需求。

（六）考虑企业自身情况

首先，养殖场需要充分考虑自身情况，选种之前要做好市场定位，确定好自己的产品所面向的市场是普通产品，还是高端产品；产品的销售渠道如何等均是品种选择时需要考虑的因素。其次，对自身企业技术人员的饲养管理水平、养殖经验等做好情况摸排，以选择相对应的蛋鸡品种进行选择。

二、蛋鸡的引种

蛋鸡引种是指通过人工选择和繁殖，选育出适应特定环境和需求的蛋鸡品种。这些品种通常具有高产蛋率、耐疾病能力强、生长快等特点。蛋鸡引种是现代畜牧业发展中的重要环节，通过不断改良提高蛋鸡品种的生产性能，可以提高养殖效益，满足日益增长的市场需求。

（一）引种资质

养殖场需要根据《种畜禽管理条例》《种畜禽生产经营许可证管理办法》《中华人民共和国动物防疫法》的要求，查验相应证明和购种鸡的发票，以防止问题鸡苗给生产带来损失。在引进国外品种时，首先需要向省级畜牧主管部门申请，经省级畜牧主管部门报农业农村部种畜禽管理部门审批后方可引种。同时，注意引进的蛋鸡品种必须持有当地动物防疫监督机构办理的检疫证书和检疫合格证，供种用的还需要有种禽合格证。

（二）了解引种地生产经营和疾病情况

养殖企业需要细致了解拟引入的蛋鸡品种产地3年来的疫病情况，包括鸡类和其他家禽的情况，并严禁将引种来源于疫区。同时，还须了解引入品种的产地环境状况，比较引入地和产地的差异，确保引种后能发挥其优良性能。另外，还要关注拟引进品种所在场的生产和经营情况。选择适合饲养的蛋鸡品种需要综合考虑以上几个方面，而不是片面追求，这样才能生产出更多、更好、更安全的蛋品，并创造更多的社会效益和经济效益。

第二节　常见蛋鸡品种及其特点

当前我国商品蛋鸡的品种繁多，品种之间生长与生产特性差异较大，养殖者只有摸清各品种的特点，才能有针对性地开展科学养殖。

一、海兰褐鸡

海兰褐鸡原产于美国，是国内外优秀的蛋鸡品种之一，在中国分布较为广泛，具有产蛋率高、品质优良、抗病性和适应性强等特点。体形呈元宝形。头部较为紧凑，单冠。皮肤、喙和胫为黄色。母雏全身为褐红色，少数在背部有深褐色的条纹；公雏全身为白色，部分背部有浅褐色条纹。母鸡在成年后全身的羽毛基本为红色，仅在尾端有少许白色。海兰褐鸡产蛋率高，产蛋高峰期的产蛋率在 94.8% ~ 96.6%，144 日龄蛋鸡达到性成熟，产蛋率达到 50%。鸡蛋蛋壳质量较好，蛋壳强度高，蛋壳的破损率低，便于运输；另外，蛋壳的颜色鲜亮，光滑洁净，鸡蛋内不含杂质，品质较好。

二、罗曼蛋鸡

(一) 罗曼粉

罗曼粉蛋鸡（Rhode Island Red）是一种受欢迎的鸡品种，其名字来源于美国罗德岛州，是一种适合家庭养殖的优质蛋鸡。罗曼粉蛋鸡通常具有浅红色的羽毛，因为其外表美丽而备受青睐。罗曼粉蛋鸡的养殖相对容易，对环境适应能力强，对饲料的要求和料蛋比较低。产蛋量较高，因此是一种经济实用的家禽。此外，这种品种的鸡性情温和，易于饲养，适用于商品生产养殖。罗曼粉蛋鸡在 140 ~ 145 日龄时产蛋达 50%，产蛋高峰期产蛋率在 95% ~ 98%。蛋壳呈淡粉色，蛋壳强度良好，大于 $40N/cm^2$，耗料相对较低，料蛋比为（1.9 ~ 2.1）：1。

(二) 罗曼灰

罗曼灰蛋鸡，是一种来自法国的优质蛋鸡品种，以其出色的产蛋性能和高品质的肉质而闻名。这种鸡的体型中等大小，外貌特征为灰色羽毛和红色的耳垂，整体给人一种优雅的感觉。罗曼灰蛋鸡以其出色的产蛋能力而备受青睐，平均每年可产 300 ~ 320 枚大型白蛋，蛋壳坚实，蛋黄颜色鲜艳，口感细腻，营养丰富。同时，罗曼灰蛋鸡的肉质鲜嫩可口，属于优质家禽品种，深受消费者喜爱。罗曼灰蛋鸡在

140~150日龄时产蛋达50%，产蛋高峰期产蛋率在93%~95%。蛋壳呈均匀奶黄色，蛋壳强度良好，大于40N/cm²，耗料相对较低，料蛋比为（2.0~2.1）：1。

在养殖方面，罗曼灰蛋鸡对饲养环境的要求不高，适应性强，生长期间健康状况良好。它们性情温顺活泼，喜欢自由活动，适合放养养殖方式。养殖者只需注意给予适宜的饲料和饮水，及时清洁鸡舍，保持良好的卫生环境，就能获得丰硕的经济效益。

三、京粉系列

（一）京粉1号、京粉2号

京粉1号、京粉2号是北京市华都峪口禽业有限责任公司利用优秀的育种素材，结合先进的现代分子生物技术、数量遗传、计算机等技术，自主培育而成适合中国饲养环境、生产性能国际领先的优秀高产蛋鸡品种。两个品种具有"死淘低、产蛋多、无啄癖、不抱窝"等特性，深受全国养殖户青睐，是农业农村部主导品种。

京粉1号在140日龄时达到体成熟标准1 510g，140~144日龄，蛋鸡达到性成熟，产蛋率达到50%，京粉1号的成活率高达99%，合格率高达98%，高峰产蛋高一级93%，高二级95%，高三级97%。该品种蛋鸡耗料低，产蛋期的蛋料比为2：1，产蛋量高，高峰期产蛋97%以上，90%以上产蛋可维持224d。

京粉2号在140日龄时达到体成熟标准1 590g，141~146日龄达到性成熟，产蛋率达到50%，京粉2号的成活率高达99%，合格率高达98%，高峰产蛋高一级94%，高二级96%，高三级98%。该品种蛋鸡耗料低，产蛋期的蛋料比为2：1，产蛋量较高，高峰期产蛋98%以上，90%以上产蛋可维持196d。

（二）京粉6号

京粉6号是北京市华都峪口禽业有限责任公司利用优秀的育种素材，结合先进的现代分子生物技术、数量遗传、计算机等技术，自主培育而成适合中国饲养环境、生产性能国际领先的优秀特色蛋鸡品种。该品种以其"死淘低、产蛋多、蛋品优、体重大、综合效益高"

等特性，同时体现了"蛋小鸡不小、蛋小利不小"的特点，深受全国养殖户青睐。

死淘低：0~80周龄全程死淘率低于5%，无啄肛，脱肛。产蛋量高，0~80周龄饲养日产蛋数达到380枚，低于55g的达到165枚，产蛋高峰达到98%，90%以上维持8个月以上。蛋品优良，蛋壳颜色均匀有光泽，全程破损率低于2%。体重大，80周龄淘汰体重达到1 810g。综合效益高，全程综合效益高6元/只。

（三）京白1号

白鸡产大白蛋，京白1号属于胚胎用蛋，蛋壳白色，透光性好，适合胚胎用蛋。另外，京白1号鸡蛋干物质含量高，出粉率更高，适合作加工用蛋。该品种产蛋率高，产蛋尖峰高98%，蛋重53~68g达到90%以上，蛋壳质量好。140日龄时达到体成熟标准1 350g，140~150日龄，蛋鸡达到性成熟，产蛋率达到50%。

（四）京红1号

京红1号蛋鸡同是北京市华都峪口禽业有限责任公司培育的高产蛋鸡品种，是农业农村部主导的蛋鸡品种之一，市场覆盖全国31个省市自治区。京红1号130日龄达到体成熟标准1 650g，139~142日龄，蛋鸡达到性成熟，产蛋率达到50%。该品种蛋鸡具有以下特点。

种鸡繁殖效率高，蛋雏比可达2.2：1；种鸡生产效率高，人均饲养量达5 000套，公母比例提高到1：100；蛋鸡生产效率高：0~80周全程死淘率低于5%、饲养日产蛋数375枚，产蛋期料蛋比2.0：1；鸡蛋商品化率高：50~65g重量的鸡蛋占产蛋总数的90%以上；蛋壳红润鲜亮。

四、农大系列

（一）农大3号

农大3号属于小型节粮型蛋鸡，体型小，成年母鸡体重约1 500g，比普通蛋鸡轻25%，体高矮，仅有10cm，可提高鸡舍垂直空间利用率。耗料少，饲料转化率高，19~72周龄平均日采食量90g。抗病性强，鸡白痢、禽白血病净化水平高，雏鸡质量好。鸡蛋品质好，蛋黄比例较大，血肉斑率较低。蛋形均匀一致，蛋壳颜色浅粉，蛋重小，适宜作高端品牌蛋。老母鸡肌间脂肪含量高，肉质鲜美，风味独特。产蛋高峰期，产蛋率大于94%。

（二）农大5号

农大5号同属小型节粮型蛋鸡，体型小，成年体重约1.55kg，比普通蛋鸡轻25%，体高矮，10cm，可提高鸡舍垂直空间25%的利用率；耗料少，饲料转化率高。产蛋期平均日采食量90g，与普通蛋鸡相比，生产每枚鸡蛋节省饲料25g，造蛋成本节省0.05元；育成成本低，饲养至140日龄，比普通蛋鸡少投入8元/只；抗病力强，用药少。对马立克病、细菌性疾病的抵抗力比普通蛋鸡强，对禽流感的易感性明显低于其他品种蛋鸡；疾病净化好，成活率高，鸡群健康；蛋品质量好。蛋黄比例大，营养价值高，口感好；蛋形蛋色独特。蛋形均匀一致，蛋壳颜色深粉，适宜做高端品牌蛋；72周可提供45~55g蛋重范围的鸡蛋约200枚；老母鸡肌间脂肪含量高，肉质鲜美，风味独特。产蛋高峰期，产蛋率大于92%。

五、大午

（一）大午褐

大午褐蛋鸡体型较大，肉质良好。产蛋量高，大午褐蛋鸡是一种优良的产蛋鸡品种，每只鸡一年内可产蛋200~250枚，蛋重60~65g。大午褐蛋鸡适应性强，善于适应不同环境的养殖条件，较耐热、耐寒，适宜在各种气候条件下生存和生长。大午褐蛋鸡寿命较长，达5~6岁以上，较其他蛋鸡品种寿命更长，可作为优良种鸡使用。大午褐蛋鸡产的蛋质量优良，蛋黄鲜艳，蛋白浓稠，富含营养，口感好。145~150日龄，蛋鸡达到性成熟，产蛋率达到50%，高峰期最高产蛋率在95%以上。

（二）大午白

大午白蛋鸡是一种优良的蛋鸡品种，具有较高的产蛋率和孵化率。大午白蛋鸡体型较大，羽毛呈白色，外观美观。这种鸡品种适应性强，适合在各种环境条件下生存和繁殖。大午白蛋鸡性情温顺，易于驯化和管理。这种鸡品种的鸡蛋呈白色，营养丰富，适合作为食用蛋品。145~150日龄，蛋鸡达到性成熟，产蛋率达到50%，高峰期最高产蛋率在95%以上。

（三）大午金凤

"大午金凤"商品代蛋鸡育雏、育成成活率98%以上，产蛋期成活率96%以上，72周龄饲养日产蛋数315枚以上，产蛋总重可达20kg，产蛋期日平均耗料113g，高峰期料蛋比为2.2∶1，90%以上产蛋率持续时间可达6~7个月。"大午金凤"蛋鸡为红羽产粉壳蛋鸡，具有红羽鸡的典型优点，例如不啄肛、死淘率低、淘汰鸡价值高等；另外，"大午金凤"鸡蛋蛋壳颜色鲜亮，一致性好，蛋壳强度高，也深受养殖户的喜爱。

第三章

鸡场及鸡舍的环境管理

第一节　蛋鸡场的选址

　　蛋鸡养殖场的选址十分重要，直接关系到后期养殖过程中疫病防控、交通运输、粪污处理等多方面工作的施行，因此，选址时要考虑多方面的因素，谨慎选择，确保养殖场的顺利运营。要尽量选择平整、通风、光照好、排水良好的地方，避免土地低洼易积水或土地贫瘠的地方。蛋鸡养殖场要尽量远离工厂、繁华的商业区和居民区，以免产生恶臭、噪声和污染等问题。在正常情况下，蛋鸡养殖场周围1km之内，应无村庄、城镇、高速公路、铁路和学校等人口活动密集的场所；蛋鸡养殖场周围2km之内不可有畜牧场、屠宰场、化工、农药加工厂等；蛋鸡养殖场周围3km之内不可存在生态功能区，饮用水资源保护区或者自然风景保护区等。最好选择周边有足够农田、果园或者林地、鱼塘等农作物种养地区，可以就近实现粪污处理后的再循环利用，实现种养结合的生态养殖模式。

第二节　鸡场布局及鸡舍建造

　　蛋鸡养殖场的布局和建设必须能够为鸡群提供良好的生存环境，并与周围的自然、社会环境协调发展。一般情况下，蛋鸡养殖场须划分为生活区、行政管理区、养殖生产区和粪污处理区4个区域，并且这4个区域须根据当地常年的主导风向，由上风区到下风向区的顺序排列，每个功能区域的距离应大于50m。养殖场的周围应有围墙和树林等隔离带。

进入养殖场区应有消毒通道，并利用绿化带隔离等方法与蛋鸡场的净道严格分开；场区排水应设明、暗两条沟道，设计时必须保证鸡场具有与养殖规模相符合的粪污、污水和病死鸡只无害化处理场地和设施设备。须按照合理的布局规划鸡舍，确保鸡舍内部空间合理利用，通风良好。建造鸡舍时应选择质量好、无毒害的建筑材料，确保鸡舍的结构牢固、耐用。鸡舍的建造排序应按照孵化室、育雏室、公鸡舍和蛋鸡舍的顺序搭建，每栋鸡舍的距离应保持在10m，如此可保证较好的阳光照射和通风。

第三节　光照管理

蛋鸡养殖的光照管理对于鸡只的生长、发育和产蛋都起着重要的作用。科学合理的光照管理可以促进鸡只生长，提高产蛋率，减少应激和疾病发生。在饲养过程中，可以通过控制光照时间和强度，模拟自然日照周期，让鸡只有足够的休息和运动时间，有效提高鸡只的免疫力和抗病能力。同时，良好的光照管理还可以提高鸡蛋的品质和营养价值。因此，在蛋鸡养殖中，合理科学的光照管理非常重要。

一、光照管理对蛋鸡的影响

光照管理，与鸡群发育和产量有密切的关系。光照管理是蛋鸡生产中非常重要的环节之一，光照的长短、亮度和周期会直接影响蛋鸡的产蛋率、蛋品质和生长发育。

首先，光照是影响蛋鸡产蛋率的重要因素之一。通过控制光照时间和强度，可以影响蛋鸡的生理节律，调控蛋鸡卵巢的发育，从而提高蛋鸡的产蛋率。其次，适当的光照管理可以提高蛋品质，使蛋壳坚硬、蛋黄色泽鲜艳、蛋白凝结均匀。光照不足或过强都会影响蛋品质，甚至导致蛋壳薄弱、蛋黄色素不足等问题。同时，光照也会影响蛋鸡的生长发育。适当的光照可以促进蛋鸡消化吸收，增加食欲，提高体重增加速度；而长时间的光照或光照不足都会影响蛋鸡的生长发育，导致生长迟缓或发育不良。

因此，科学合理地进行光照管理对蛋鸡生产非常重要。要根据蛋鸡的生理特点和生产需求，在合适的时间和条件下进行光照管理，确保蛋鸡的健康生长和生产。

二、蛋鸡养殖中光照的控制

雏鸡，育成期的光照管理，见表3-1。

表3-1 蛋鸡育成期光照管理

日期	光照时间（h）	光照强度（lx）	大约（W/m²）
1~3d	24	30~50	≤15
4~7d	23	30	≤10
8~11d	23	10~5	≤5
12~35d	23	≤5	2.5
36d	21	≤5	2.5
37d	19	≤5	2.5
38d	17	≤5	2.5

4~35日龄23h，有利于蛋鸡骨架和体重的增长。值得注意的是，在营养和管理都做好的前提下，体重不达标就不要着急减光，体重达标或者超标时，再适当缩短光照时长，有利于内脏器官发育，保证多种指标都能够发育良好是首要任务。

35~60日龄，光照逐渐减少，减少的速度结合体重来定，鸡群长得慢，想让鸡长得快一些，光照降速就慢一些（其原理是光照时间长，采食时间就会多一些，多吃才能多长）。

60~100日龄采取递减或者恒定光照，以10~11.5h的恒定光照鸡群发育最好，养殖成功率最高。不建议把时长定为8~9h，它会让鸡场付出更多的精力、营养和管理费用，看似科学其实增加不成功的概率。不同季节、不同品种采取的办法和时间长短也略有区别，追求总产量和优先追求产蛋率，所要采取的措施也是有所差别的（外购青年鸡，到场之后的前几天可以长明灯，然后逐渐减少，发育优秀的鸡群这时就可以按照 11~12h）。

100~105 日龄，可以启动第一次加光，一次性加 1~2h 并把总时长加到 12.5~13h，保持到 125~130 日龄，这一点特别关键，有利于输卵管发育，有助于减少脱肛和水印蛋的发生率，有利于降低蛋白原料的使用量。体重胫长发育良好、均匀度也非常好的鸡群，可以一次性加 1.5~2h，均匀度不好的鸡群，增幅可以少一点，让鸡群中体重偏低的往上赶一赶。

125~130 日龄，根据主翼羽退换是否符合要求决定如何加第二次，这样做有利于发育，也不影响正常的产蛋规律（建议走箱区域 120~125 日龄，走筐区域 125~130 日龄，适时掌握加光时机）。125~130 日龄，提倡保持恒定光照，这个阶段的恒定光照有助于减少自然光照（延长和缩短）对开产日龄的影响（如果不进行人为地光照干预，鸡群储备的脂肪总量就会自发降低或者增多，会导致上半年开产早、下半年开产晚的现象，不利于鸡群总产能的挖掘和延长饲养周期）。

第二次加光的时间、加光幅度和加光频率，要根据体重发育和鸡蛋销售方式而定（走箱，走筐），原则上每次加不低于 1h，每周加 1 次，不采取之前每天都加光的方式，一直加到 16~16.5h，400d 后补光至 16.5~17h（发育合适的就加，不合适就等一等，隔几天加 1 次）。

加光需要看蛋鸡的主翼羽、体重，光照时长每周增幅根据品种、体重和均匀度发育，以及产蛋率确定。产蛋鸡对光照时长和强度都非常敏感，有试验表明光照时间选在 4：30~20：30，对鸡的产蛋性能最好（建议），高温高湿季节，密闭鸡舍可以选择在温度更容易控制的时间段加光。

补充光照时，电源要稳定，灯泡要分布要均匀，不能有暗区，灯泡距离为 3m，灯离地面 2m，靠墙的灯泡灯墙距离为 1.5m，两排灯泡交错排列，舍内每平方米地面以 3W 为宜（灯泡不同，设定大小也不同，建议采用测光仪检测实时光照），底层料槽和两个灯光的重合地方光照强度不低于 25lx。

午夜加光，目的是刺激鸡多吃料，多喝水，这个时间段的光，对鸡没有额外刺激作用，加了比不加好，有利于促进均匀度和体重，还有助于改善后期蛋壳质量。晚上的饲料要多加一些，尽量保证第二天早上开灯后还略有剩余，这样最有利于产蛋率的提高和蛋壳质量的改善。

第四节　温度管理

蛋鸡养殖的温度管理非常重要，它直接影响着蛋鸡的生长和产蛋量。过高或者过低的温度均会对蛋鸡的健康生长产生影响，要根据不同生长阶段的需要，合理地调整温度。对于幼鸡来说，要保持较高的温度以促进它们的生长，而对于成年蛋鸡则需要适宜的温度来保证其正常产蛋。总之，温度是蛋鸡养殖中需要重点关注和管理的因素之一。

一、环境温度对蛋鸡的影响

适宜的环境温度能够提高蛋鸡的生产性能，而过高或过低的温度则会对蛋鸡的生长和生产带来不利影响。适宜的环境温度可以促进蛋鸡的食欲和消化吸收，提高生产性能，能够更好地利用饲料，促进蛋鸡的生长和发育，提高产蛋率。在适宜的温度下，蛋鸡的代谢活动正常，能够更好地适应生长环境，保持身体健康。然而，过高或过低的环境温度会导致蛋鸡的压力增大，影响其食欲和消化吸收能力，导致产蛋率下降，生长速度变慢，甚至引发疾病。在高温环境下，蛋鸡容易发生中暑，影响生产性能；在低温环境下，蛋鸡会因为耗能增加而消耗更多的饲料，导致生产成本上升。因此，为了保证蛋鸡的生产性能和健康，养殖户应根据季节和气候变化及时调整鸡舍环境温度，采取保暖或降温措施，保持适宜的环境温度，提高蛋鸡的生产效益。

二、蛋鸡养殖中温度的控制

家禽本身无汗腺，自身对环境温度的调节、适应能力较弱，尤其是蛋鸡的雏鸡阶段，对外界环境温度的改变非常敏感，雏鸡阶段良好的温度控制，可以在一定程度上提高雏鸡的成活率。一般，蛋鸡出壳后的1~3d，对环境有较高的要求，此时鸡舍的温度最好保持在35~37℃，即与孵化时的温度保持大体一致。此后蛋鸡舍的环境温度可以逐渐降低，4~7日龄时鸡舍的温度可以控制在34~36℃，随着蛋鸡日龄的增加，可以逐步降低舍温。蛋鸡长到2周龄时，可将环境温度控制在33~35℃，此后每周可将蛋鸡舍的环境温度降低1℃，在正常情况下，蛋鸡雏鸡阶段的环境温度最终维持在25~27℃。随着蛋鸡日龄的增长至育成期和产蛋期，蛋鸡对外界环境的抵抗能力逐渐增强，对环境温度的适应能力也随之提高，最终将蛋鸡舍的环境温度控制在18~24℃即可，避免环境温度过高或者过低，对蛋鸡的生长和产蛋性能造成影响。

第五节　湿度管理

一、相对湿度对蛋鸡的影响

蛋鸡的生长和产蛋受环境湿度的影响很大。适宜的环境湿度可以促进蛋鸡的生长和提高蛋的产量，而过高或过低的环境湿度则会导致蛋鸡健康问题和产蛋率下降。适宜的环境湿度可以帮助蛋鸡保持身体水分平衡，促进新陈代谢和消化吸收，提高饲料的利用率和蛋的形成速度。适宜的湿度还可以减少蛋鸡的呼吸道感染和皮肤病的发生，保持家禽场内的空气清新和减少细菌滋生。然而，过高的环境湿度会造成蛋鸡热应激，影响其正常活动和饲料摄取，降低产蛋率和孵化率。同时，高湿度还容易导致细菌、霉菌和真菌的滋生，增加蛋鸡患病的风险。过低的环境湿度也会对蛋鸡的健康和生产造成不利影响，干燥的环境易导致蛋鸡产生皮肤病、呼吸疾病和蛋质脆弱等问题。同时，低湿度下蛋鸡体温调节能力降低，容易出现低体温现象，影响蛋鸡的正常生长和产蛋。因此，合理控制环境湿度对蛋鸡的生产至关重要，需要根据不同的季节和气候条件调整饲养环境，保持适宜的湿度水平，确保蛋鸡的健康和生产。

二、蛋鸡养殖中湿度的控制

蛋鸡育雏阶段对环境湿度同样敏感，过高或者过低的环境湿度，会给雏鸡的正常生长发育带来负面的影响，并且不同的生长发育阶段，蛋鸡对环境湿度的需求也存在差异。一般情况下，雏鸡破壳后的 1~10 日龄对环境湿度具有较高的要求，应保持在 65%~70%，随着雏鸡日龄的增加，可逐渐降低环境湿度，到 11~30 日龄时，环境湿度应保持在 60%~65%。31~35 日龄，环境湿度维持在 55%~60% 即可。此后雏鸡的生长发育基本稳定，可将环境湿度保持在 50%~55%。

第六节　空气质量与噪声管理

一、空气质量

（一）空气质量对蛋鸡的影响

稳定的养殖环境、充足的氧气（含量>21%）对蛋鸡的健康生长十分重要，提高鸡舍内部的空气质量能够减少蛋鸡多种疾病的发生概率，提高动物福利，促进蛋鸡生长与生产，也可以确保良好的食品安全。蛋鸡养殖场对空气质量的检测主要包含以下几个方面：通风管理、氧气含量、粉尘控制、适宜的温湿度。养殖圈舍内粉尘与微生物含量超标时，会因多种因素交织，而引发蛋鸡多种健康问题，包括部分传染性疫病的规律性流行与传播。例如，①鸡舍内氧气含量过低，会导致蛋鸡出现长期的慢性缺氧情况，此时动物的肺部会发生水肿，导致各内脏器官的功能降低，免疫能力低下，最终造成饲料转化率的降低。②鸡舍内环境过于干燥时，会对蛋鸡呼吸系统的黏膜产生严重刺激，破坏黏膜系统的基础屏障。直径超过 $4\mu m$ 的微粒会被纤毛的运动以及湿润的黏膜所截留，最后通过呼吸道黏膜纤毛的摆动将吸入呼吸道的粉尘和病原体等清除出体外，并且呼吸道黏膜当中存在较多的免疫细胞，可以同时参与病原灭活，进而起到自净防御的作用。蛋鸡呼吸道黏膜过于干燥后，会发生绒毛倒伏、断裂等情况，减弱甚至失去屏障防护作用，导致鸡舍内的大量粉尘或病原体进入机体内部。③此外，若鸡舍内部的通风条件不佳，加上饲养密度较大，则会产生大量的氨气、硫化氢、一氧化碳和二氧化碳等有毒有害气体，这些有毒物质进入蛋鸡机体血液循环后，还会造成机体慢性中毒，导致机体免疫能力下降，最终导致整个鸡群生产性能严重下降。

（二）提高鸡舍空气质量的措施

在养殖过程中可通过以下策略改善蛋鸡舍内的空气质量。①设立有效的通风系统：确保蛋鸡舍内有足够的空气流动，便于排出污浊的空气和异味，提高空气质量。②保持清洁卫生：定期清理蛋鸡舍内的排泄物，避免积聚过多的氨气和细菌，对空气质量产生影响。③控制温度和湿度：保持适宜的温度和湿度水平，避免过高或过低的温度和湿度对空气质量造成影响。④使用空气净化设备：安装空气净化器或空气消毒设备，帮助净化空气中的有害物质和微生物，改善空气质量。⑤定期检查空气质量：定期监测蛋鸡舍内的空气质量，及时发现问题并采取相应的改善措施。

为减弱不良空气质量对鸡的危害，尽可能有效控制鸡舍内的有害气体含量，应将鸡舍内的二氧化碳含量控制在小于 $1\,500mg/m^3$ 的范围内，将氨气的浓度控制在小于 $10mg/m^3$，鸡舍内总悬浮颗粒的含量尽量小于 $8mg/m^3$，鸡舍内硫化氢的含量应不超过 $2mg/m^3$。

二、噪声管理

（一）噪声对蛋鸡的影响

噪声会导致蛋鸡的生长发育受阻，长期暴露在高强度噪声环境中，会影响蛋鸡的神经系统、内分泌系统和免疫系统正常的生长发育。噪声会打扰蛋鸡的睡眠，导致睡眠质量下降，影响蛋鸡的生理功能和健康状况，引起蛋鸡产蛋率下降。噪声会使蛋鸡处于紧张和恐惧的状态，导致其产蛋率下降。同时，噪声会影响蛋鸡的行为，使其出现行为异常，如产生攻击性、恐惧、抑郁等行为。研究表明，长期暴露在噪声环境中的蛋鸡，可能会出现压力过大而导致产蛋率骤降的情况。当鸡舍门前 1m 范围内的噪声在白天超过 8 082dB，夜间超过 7 177dB 时，蛋鸡的采食量较正常环境会下降 2.5%，日产蛋量会下降 3.9%~7.5%。此外，噪声还会对蛋品质产生影响，长期处于噪声环境中的蛋鸡所产鸡蛋的大小不均匀，蛋形呈现不规则形状，光泽异常，并且软壳蛋的产量增多。因此，为了保障蛋鸡的健康和生产性能，应尽量减少养殖环境中的噪声干扰，提供一个安静舒适的生长环境。

（二）降低环境噪声对蛋鸡的影响

为降低周围环境对蛋鸡的噪声影响，养殖场须注意以下操作。首先，养殖场选址时应避免选择闹市区，并远离高速公路等噪声嘈杂的地区。建造鸡舍时须确保鸡舍的建筑结构牢固，减少风声和噪声的干扰。控制人员在鸡舍内的活动和走动，避免过多的喧闹声和机械声。定期检查和维护鸡舍设备，确保其正常运转，不产生噪声。其次，可在养殖场周围布置一些临时隔离区域或绿化植被，有助于吸收噪声和减少环境的压力。此外，要定期检查蛋鸡的健康状况，及时发现和处理噪声来源。

第七节　清洁与消毒管理

蛋鸡养殖场的卫生与消毒管理对于鸡只的生长和健康非常重要。鸡舍内的粪便、旧饲料和杂物必须经常清理，保持鸡舍内的干燥和整洁，这有助于减少病原微生物的滋生和传播。在全面清洁后，鸡舍需要进行消毒处理，以杀灭病原微生物。常用的消毒剂包括含氯消毒剂、过氧化氢、烧碱等。注意，消毒剂的使用必须遵循正确的浓度和处理时间。养殖场需要多准备几种不同的消毒剂轮换使用，可每隔1周更换1种消毒剂，以防止耐药性产生，影响消毒效果。在消毒时需要注意消毒范围，消毒要彻底全面，鸡舍外部2m之内均要进行全面消毒，尤其是阴雨天过后，需要对鸡舍内外进行一次全面的清洁、消毒，避免因天气潮湿，滋生大量的病原微生物造成鸡群感染。当一批鸡只饲养结束后，鸡舍需要进行全面的清洁和消毒。这包括清理污物、洗刷鸡舍内表面，以及更换饲料槽和饮水器等设备。工作人员必须保持清洁，穿着清洁的工作服，并执行严格的消毒规程。此外，养殖场需要定期进行除虫、灭鼠等工作，害虫和害兽的存在会增加疾病传播的风险，因此需要进行害虫和害兽的有效防治，保持鸡舍内的卫生环境。

为防止不同鸡舍鸡群之前发生交叉感染的情况，养殖场应对不同批次的鸡群进行隔离防护，每栋鸡舍安排固定的人员清理，减少工作人员在不同鸡舍之间的流动性，同时对进出的车辆、人员进行严格的消毒，避免陌生人员、车辆进入养殖场区。

第四章

蛋鸡的营养需求

第一节　蛋白质与氨基酸

一、对动物生长发育的作用

动物机体是由细胞、组织以及器官相互连接所构成，蛋白质则是实施机体生物功能的关键。蛋白质在动物体内除了水分之外是含量最高的物质，约占动物体重干物质的 50%。细胞是生物体最基本的结构单元，其中主要包括糖、脂肪、蛋白质和核酸等有机物质。在细胞增殖的过程中，蛋白质扮演着不可或缺的角色，支持着细胞的生命活动。细胞衰亡后将形成异类物质，因此细胞通过蛋白质的分解与合成进行更新。机体的组织和器官同样由细胞构成，蛋白质是合成机体组织和细胞的主要原料。作为动物生长和发育所必需的营养物质，可以促进动物体重增加、肌肉生长，并提高采食量和饲料转化率，同时也是动物体内的基本组成部分，参与形成组织、器官和细胞，维持生理功能的正常运转。蛋白质能够促进免疫球蛋白和抗体的产生，增强动物的免疫力，降低患病风险。蛋白质的充分供给能够提高动物的繁殖能力，增加胎仔数量和生长速度。合理的蛋白质供给可以改善动物的体形和外观，提高肉、蛋、奶等畜产品的品质。在畜禽养殖中，科学合理地配置蛋白质的摄入量和比例非常重要，可以有效提高生产效率和产品质量。

二、对动物卵泡发育的作用

动物的繁殖性能在高蛋白饲料方面表现出较高的容忍度，但对低蛋白饲料则显示出较强的敏感性。蛋白质缺乏会导致氨基酸代谢失衡，机体内源蛋白质会被分解以弥补摄入氨基酸不足，以合成更重要的体蛋白质。如果繁殖性能在营养分配上没有优势，其发育将会受到限制。鸡蛋干物质重的 50% 是由蛋白质组成的，并且日粮蛋白质水平直接影响蛋鸡产蛋期间的蛋重和产蛋率，还影响着蛋清和蛋黄的形成。而蛋白氨基酸的利用效率是决定蛋鸡养殖效果的关键。提高蛋鸡机体对营养的表达能力和提高蛋白氨基酸的实际可利用数量，即机体实际的消化吸收和转化能力以及蛋白氨基酸本身的消化吸收转化率，能够在控制饲料成本的情况下，最大限度地发挥蛋鸡的产蛋性能。蛋鸡在不同产蛋阶段对蛋白质的需求量不同。

因此，在卵泡生长发育时期，多种氨基酸转运系统活跃，氨基酸不平衡会阻碍卵泡的发育、卵母细胞的成熟、排卵以及发情周期等一系列过程的正常进行。

动物的繁殖性能受蛋白质营养影响，这种影响是通过肝脏的雌激素受体（ER）引起代谢激素变化，从而影响动物的繁殖能力。代谢激素，如胰岛素样生长因子 I（IGF-I）、瘦素（leptin）、胰岛素（insulin）等，对蛋白质营养变化有感应作用，同时也能通过调节 HPG 轴活性或直接对卵巢产生影响，影响卵泡的生长发育。因此，肝脏 ER 和代谢信号可能在调控雌性卵泡发育的过程中起到一定作用。

三、对动物肠道健康的作用

蛋白质在身体生长、修复和维持健康中起着不可或缺的作用，并参与各种广泛的代谢过程。然而，蛋白质在调节肠道屏障方面的功能尚未受到充分的研究。有研究表明，一些日常饮食中被酶消化后产生的肽可以增强或保护肠道屏障，可能有助于缓解肠道疾病。此外，一些氨基酸（如谷氨酰胺和色氨酸）也可以在肠道屏障中发挥保护作用。尽管具体机制尚不清楚，但限制蛋白质摄入可能与肠道菌群的改变有关，从而影响所观察到的效果。

第二节 碳水化合物

一、碳水化合物对动物生长发育的作用

碳水化合物是一种总称，根据分子结构的不同可分为单糖和多糖。在多糖中，淀粉和纤维素的生理价值更为重要，它们是畜禽饲料的主要成分之一。碳水化合物是动物生长发育中的重要营养物质，主要起到提供能量和维持体内代谢的作用。碳水化合物是动物体内的主要能量来源，通过代谢产生的能量支持生长发育过程，维持正常的生理功能。此外，碳水化合物还可以作为细胞结构的组成部分参与生物体的组织生长和修复。在动物生长发育的过程中，适量摄入碳水化合物对于维持正常的代谢和生长发育至关重要。长期摄入过多或过少的碳水化合物都会影响动物的生长发育和健康状态。

二、碳水化合物在畜禽机体内的作用机制

碳水化合物在畜禽体内扮演重要角色，具有多种营养功能。首先，它满足大部分能量需求。畜禽摄取主要以葡萄糖为主的单糖，在肝脏和肌肉中合成糖原，作为有机体碳水化合物的存储形式，贮存量不应超过体重的 1%。在肌肉中约占 0.5%，在肝脏中约占 5%。其次，在活动时，肌肉中的糖原被消耗，同时通过血液中的葡萄糖补充，而血液葡萄糖正常水平通过肝脏糖原的分解维持恒定。然而，由于限定的贮存能力，只能支持机体 2~3d 的饥饿消耗，因此畜禽需要获得碳水化合物供应。此外，碳水化合物也是形成体脂的重要原料，积累足够的糖原后，进入脂肪代谢循环，转变为脂肪贮存于结缔组织细胞中。碳水化合物还能合成一些非必需氨基酸。最后，少量碳水化合物及其衍生物是组织细胞的重要组成部分。

三、碳水化合物对动物肠道健康的作用

动物的主要能量来源之一是碳水化合物，它们通常在饲料中含量最高。

第三节　脂肪与必需脂肪酸

粗脂肪包括真脂、蜡、磷脂、醣脂和固醇等。畜禽体内各器官和组织都富含脂肪，可分为组织脂类及贮备脂类。组织脂类主要包括磷脂和固醇，是细胞必要成分，含量少而稳定。而贮备脂类主要为真脂，由棕榈酸、硬脂酸和油酸构成的甘油酯，分布在皮下、肾周围、肠膜上、肌肉间隙和骨骼等部位，含量及成分不稳定，易受营养水平影响。

一、提供给畜禽生长、生产以及修补组织所需的营养元素

脂肪是构成体细胞的重要组成部分，包括磷脂、固醇、糖和蛋白质等原生质，细胞核中富含卵磷脂。各种体组织中均含有脂肪，如血液中含有真脂、磷脂、脂肪酸、胆固醇及胆固醇脂。在脑、心脏、骨髓、肾脏、肝脏和卵中，磷脂含量特别丰富，尤其是神经组织和脑组织中富含神经磷脂，又称醣脂或脑苷脂。此外，肌肉中含有真脂、磷脂和胆固醇。7-脱氢胆固醇在动物皮肤中含量较高。母鸡体内脂肪含量约占干物质的20%；鸡蛋中的脂肪含量约占干物质的9%~10%，其中大部分存于蛋黄中。在畜禽的生长和生产过程中，脂肪须通过饲料供给或形成提供。饲料中的脂肪酸和磷脂被认为是产蛋鸡制造蛋黄的原料，机体摄入脂肪酸和磷脂后首先用于生产蛋黄。当这部分脂肪被充分利用后，剩余的脂肪最终都会以体脂的形式储存于鸡体内。

二、脂肪可有效供给能量和体内贮存能量

当脂肪在体内氧化时，释放的能量约为同等重量碳水化合物或蛋白质氧化所释放热量的 2.25 倍。每克脂肪在体内氧化可产生 37.67J 热量（每卡约为 4.186J）。体内贮存的脂肪含水量极少，体积较小且热量含量高，因此在氧化过程中释放的水量也最高，这使得贮存脂肪成为动物在恶劣饲养条件下动用能量的最佳形式。

三、良好的脂溶性维生素溶剂

脂溶性维生素 A、维生素 D、维生素 E、维生素 K 和胡萝卜素需要脂肪作为溶剂和在体内输送。当饲料中缺乏脂肪时，会影响这些维生素的吸收利用，尤其影响胡萝卜素的吸收。比如，当母鸡日粮含脂肪 4%时，可以吸收 60%的胡萝卜素；而当含脂肪仅为 0.07%时，仅能吸收 20%。

四、维生素和激素的合成原料

植物的麦角固醇和动物的 7-脱氢胆固醇，分别为维生素 D_2 和维生素 D_3 的前体。固醇类物质还是多种激素的前体。

五、必需脂肪酸的来源

据试验显示，缺乏脂肪的雏鸡饲料会使雏鸡表现虚弱、水肿、皮下出现胶状物，甚至死亡，脂肪也会影响鸡的繁殖情况。添加少量的亚油酸对预防这些症状非常有效，而饱和脂肪酸则无效。此外，二十碳四烯酸和亚麻酸对一部分症状也有一定效果，因此这 3 种脂肪酸被称为必需脂肪酸。

雏鸡可以将亚油酸转化为其他两种必需脂肪酸，若有维生素 B_6 存在，则亚油酸可作为独立的必需脂肪酸，因为维生素 B_6 有助于合成二十碳四烯酸。正常饲料中广泛含有必需脂肪酸，因此在正常饲养条件下一般不会出现缺乏情况。

六、其他营养作用

脂肪不仅在提高生产力方面具有一般的营养作用，还具有特殊的功能。日粮中添加脂肪可以显著提高生产力。比如，在雏鸡饲料中添加 1%~1.5% 的植物油或其他易消化脂肪，能明显促进生长。添加1% 豆油或 2% 菜籽油或动物脂肪到母鸡饲料中，可以增加产蛋量。此外，脂肪还可以改进日粮中能量的利用率。在添加脂肪时，需要注意与其他营养素的搭配，尤其能量和蛋白质的比例对高能日粮的效果至关重要。同时，脂肪的质量也很重要，氧化的脂肪会破坏混合饲料中的维生素 E。此外，贮备脂肪对内脏器官有保护作用，皮脂的分泌也对维持皮肤正常机能至关重要，可以被视为一种机械因素。

第四节　矿物质元素

矿物质元素是组成动物体的必需无机元素，对动物的生长、发育和健康维持具有重要作用。动物体内包含大量矿物质元素，它们可以分为常量元素和微量元素两大类。常量元素主要是指在动物体内含量较高的矿物质元素，包括钙、磷、钾、硫、钠、氯和镁等；微量元素主要是指在动物体内含量较少，但对动物的生理代谢同样具有非常重要的作用，主要包括铁、锌、铜、锰、碘、硒、钴和钼等元素。矿物质元素在动物体内的缺乏或过量摄入都可能导致健康问题和生长发育异常，因此为动物提供平衡的矿物质元素是保证其健康生长的重要条件。这些矿物质通常通过动物的日常饮食摄入，必要时，还会通过添加剂的形式补充到饲料中。

矿物质元素常作为饲料添加剂添加到动物饲料中，以确保动物获得其无法通过普通食物摄入的必需矿物质。如钙和磷常添加到饲料中以促进骨骼健康；锌、铁、铜和碘等微量元素也作为补充添加以提高动物的生长率和免疫能力。矿物质元素对防治某些疾病、提高生存率、增进生长速度、提升生产性能（蛋鸡的产蛋率）都有显著作用。

相应的矿物元素还能改善动物产品的质量，如肉的口感、蛋壳和骨骼的硬度等。但过量使用矿物质元素的饲料添加剂可能通过粪便排放到环境中，引发环境污染或矿物质的浪费。因此，精准营养和减量化添加，以及开发矿物元素的高效吸收和利用型添加剂，是当前动物养殖中的一个研究和应用趋势。饲养过程中合理的矿物元素配比对促进动物健康成长至关重要。因此，养殖业者应依据不同动物的生长阶段和生理需求制定合理的饲料配方，并定期调整以保证动物能获得适量的矿物质。随着动物营养学的发展与矿物元素吸收利用效率的改进，动物养殖对矿物质元素的应用会更加科学和精准。

一、钙元素

（一）钙元素对蛋鸡生长发育与生理功能的作用

钙元素在蛋鸡的生长发育与生理功能中发挥着极其重要的作用。钙是构成蛋鸡骨骼的主要成分之一，对于维持骨骼的强度和结构至关重要。首先，蛋鸡在生长期和成年期都需要充足的钙来保证良好的骨骼发育和维持。其次，蛋鸡产蛋时需要大量的钙来形成蛋壳。蛋壳主要由碳酸钙构成，因此钙的供应直接影响到产蛋量和蛋壳的质量。若钙摄入不足，可能导致蛋壳变薄甚至产生无壳蛋，影响蛋品的质量和安全。同时，钙对于蛋鸡的神经传递和肌肉收缩也非常重要。它参与神经信号的传导和激活肌肉纤维中的收缩机制，缺钙可能导致神经和肌肉功能障碍。此外，钙是许多酶系统的辅助因素，它对于维持这些酶的活性和稳定性有重要作用。蛋鸡体内各种生化反应和代谢途径受到钙调控。

（二）蛋鸡产蛋中钙代谢机制

1. 蛋壳形成的钙代谢机制

在鸡蛋的壳层形成过程中，钙的补充主要通过两条途径实现：一是摄取外部饲料中所含的钙质；二是动用鸡体内的骨髓组织储备中的钙。形成蛋壳的子宫部位利用上皮细胞从血液中吸收钙离子，并将其释放进子宫内部，在那里钙离子与碳酸氢根离子（HCO_3^-）发生化学反应，最终沉淀为碳酸钙（$CaCO_3$），共同构成蛋壳。蛋壳的生成依赖于钙离子的高效运输和代谢，在通常情况下，一个成年蛋鸡的体内钙存量为 20~23g，生产 1 枚鸡蛋会消耗掉约 2.2g 钙。因此，为了维持产蛋过程，产蛋鸡每日大约需要用掉其体内 10%的钙质存量。

2. 钙离子的转运

在产蛋鸡形成蛋壳的过程中，其钙离子在肠道中的浓度会迅速上升。这些钙离子的吸收主要发生在十二指肠，并且其吸收效率通常需要超过 90%。钙的转运过程主要依托主动运输机制，具体涉及上皮细胞中的钙离子通道、基底膜的钙离子通道，以及与基底膜上的钠泵进行的交换作用。在子宫中，钙离子的分泌量将直接决定蛋壳的质量。值得注意的是，子宫对钙离子的分泌周期与鸡的排卵周期是同步进行的，这种协同调节对于蛋壳的正常形成至关重要。

（三）钙缺乏对蛋鸡生长及产蛋性能的危害

钙缺乏会对蛋鸡的生长及生产功能产生较大的危害。钙是骨骼健康的重要组分，缺钙的蛋鸡容易出现骨折、骨质疏松或骨质软化等疾病，尤其是在高产期，蛋鸡对钙的需求加大，骨骼问题尤为显著。钙对于维持神经和肌肉功能至关重要，缺钙可导致神经和肌肉功能障碍，如抽搐、痉挛或行动不便。钙缺乏还可能影响其他矿物质和维生素（如维生素 D 和磷）的吸收和代谢，导致代谢失衡。钙缺乏除了影响蛋鸡的生长发育健康，还会对产蛋性能造成较大的危害。首先蛋壳质量会下降，由于蛋壳主要由碳酸钙组成，钙缺乏会导致蛋壳薄弱、易碎，出现无壳蛋或软壳蛋，影响产蛋的商业价值和孵化率。钙的不足会直接影响到蛋鸡的产蛋率，可能出现产蛋间隔变长、停止产蛋等情况。长期严重的钙缺乏可能导致生存率下降，增加蛋鸡群死亡率。

二、磷元素

（一）磷元素对蛋鸡生长发育与生理功能的作用

磷是骨骼和牙齿中的关键成分之一，与钙共同作用维持骨骼的结构和硬度。适当的磷水平有助于骨骼的正常生长和维持，尤其是生长快速的幼鸡和高产期的产蛋鸡。同时，磷是细胞能量代谢过程中不可或缺的部分，以三磷酸腺苷（ATP）、二磷酸腺苷（ADP）和磷酸肌酸的形式存在，在能量的存储和传递中起着重要作用。磷还是多种酶的激活剂或组成部分，能够影响酶的活性，在鸡只体内多种生物化学反应中发挥调节作用。磷参与体内的酸碱平衡调节，并且与多种代谢过程中的缓冲系统有关。此外，磷脂类是细胞膜结构的主要成分之一，磷元素在其中起到关键作用，确保细胞膜的完整性和功能。对于产蛋鸡来说，磷不仅涉及骨骼的健康，也与蛋壳的结构有关，适量的磷可以帮助维持良好的产蛋性能。

由于磷在蛋鸡的生理过程中具有重要作用，确保蛋鸡获得适量的磷是饲养过程中的关键任务。通过饲料中添加磷源，比如磷酸盐补充剂，可以有效保证蛋鸡的健康与生产性能。需要留意的是，磷的吸收率会受到饲料中磷的生物利用度、钙与磷的比例、维生素 D_3 等因素的影响，因此，在饲料配方中应合理平衡各种营养素，以确保最佳的生长结果。

（二）蛋鸡产蛋中磷代谢机制

蛋鸡产蛋过程中的磷代谢机制是一系列复杂的生物化学反应过程，这些过程涉及磷的摄入、吸收、运输、利用和排泄。蛋鸡通过饲料摄入磷，通常以无机磷酸盐和有机磷（如植物酸磷）的形式。磷的主要吸收部位是肠道，尤其是小肠（包括十二指肠、空肠和回肠）。磷的吸收既可以是主动运输，也可以是被动扩散。主动运输需要能量消耗，并且受到维生素 D_3 调控，后者通过激活运输蛋白来增强磷的吸收。吸收后的磷通过血液循环被运输到全身。血浆中的磷主要以无机磷酸盐的形式存在，与钙等其他矿物质共同维持体内的电解质平衡。体内的磷被广泛应用，包括合成 ATP 提供能量、构建和修复骨骼、组成细胞膜的磷脂、合成核酸、参与酶反应及信号传递等。在产蛋过程中，大量的磷被用于形成蛋黄和蛋壳（尤其是蛋壳内膜的形成）。机体通过多种激素和因子来调节磷的代谢，其中主要包括副甲状腺激素（PTH）、维生素 D_3 和钙调素。PTH 通常在血磷水平低时分泌，以促进磷的重新吸收和激活维生素 D_3，进而增强磷的吸收；钙调素则在血磷水平高时发挥作用，减少磷的重新吸收。磷的排泄主要通过肾脏，但动物的粪便也包含一定量的未被吸收的磷。磷排泄的调节同样受到 PTH 和钙调素的影响，以保持体内磷平衡。

蛋鸡产蛋时对磷有着特别高的要求，因为它涉及蛋黄和蛋壳的形成，特别是蛋壳内膜的合成需要磷参与。饲料中磷的含量和生物利用度会直接影响产蛋数量和蛋壳质量，因此在饲料配方中必须确保磷的充足供应以及适当的钙磷比例。

（三）磷缺乏对蛋鸡生长及产蛋性能的危害

磷是构成骨骼的关键矿物之一，缺乏磷会导致骨骼脆弱，引发骨质疏松症或畸形，对幼鸡的快速生长期和成年期的产蛋鸡产生严重影响。磷缺乏导致蛋壳质量降低：磷是形成蛋壳内膜的必需成分，缺乏磷可能导致蛋壳内膜发育不全，影响蛋壳的强度和质量，产生软壳蛋，甚至无壳蛋。磷是合成胚胎发育过程中所需能量供应物质 ATP 和蛋黄形成必不可少的成分，磷缺乏可能导致产蛋率降低。磷是细胞代谢的关键组成部分，参与到碳水化合物、脂肪、蛋白质代谢，以及 ATP 形成和能量转换等过程。因此，磷缺乏会干扰蛋鸡的正常代谢活动。

同时，缺少磷可能导致蛋鸡生长缓慢，体重增长减少，整体健康状态不佳。磷在多种酶系统的活化中发挥作用，缺乏磷可能会导致这些酶的功能下降，影响整体生理功能。

为避免磷缺乏带来的问题，养殖蛋鸡时要注意饲料中磷的含量，确保满足蛋鸡的需求。钙与磷之间的平衡也同样重要，因为它们的比率会影响两者的吸收和利用，通常推荐的钙与有效磷的比例，雏鸡青年鸡为（2~2.2）:1，产蛋期为（10~11）:1。此外，添加适量的维生素 D 可以促进磷的吸收和利用，从而提高蛋鸡的生长和产蛋性能。

三、镁、硫元素对蛋鸡生长和生产的影响

（一）镁元素对蛋鸡的作用

镁是一种对家禽健康和生产至关重要的矿物质元素，它在蛋鸡的生长和生产方面扮演着重要角色。镁参与超过 300 种酶的活化，对于能量代谢、蛋白质合成、脂肪酸的氧化、肌肉和神经细胞的正常功能

以及维持细胞膜稳定等方面都至关重要。镁也参与骨骼的形成和维持，对维持血液中电解质平衡以及心脏的正常运作都有贡献。镁缺乏可能导致鸡只生长缓慢，骨骼形成不良，特别是在幼鸡时期。镁是构成骨骼中的重要成分之一，如果镁摄入不足，会降低骨密度，并增加骨折的风险。此外，镁的缺乏还可能导致肌肉无力、颤抖和抽搐等神经和肌肉问题，影响鸡的整体健康和生长表现。对于产蛋鸡来说，镁对蛋壳的质量具有直接影响。镁是构成蛋壳的重要成分之一，如果摄入的镁不足，可能会导致蛋壳变薄、强度下降，这不仅会降低销售蛋品的质量，还可能导致更高的蛋品损失率。除此之外，镁还参与代谢过程，对保持产蛋率和蛋重同样重要。

（二）硫元素对蛋鸡的作用

硫元素主要以氨基酸中的甲硫氨酸和半胱氨酸的形式存在于动物体内，这两种氨基酸都是蛋白质的组成部分。尽管硫不像其他营养素（如蛋白质、能量或维生素）经常被提及，但其在蛋鸡的生长和生产中也扮演着重要角色。

硫氨基酸，特别是甲硫氨酸，是大多数动物必需的限制性氨基酸之一，其在蛋白质合成中起着极其重要的作用。对于蛋鸡而言，足够的甲硫氨酸供应对于雏鸡的正常羽毛发育、生长速率以及整体健康至关重要。硫氨基酸还是谷胱甘肽（抗氧化剂）的前体，对抵御氧化应激、增强免疫功能和疾病抵抗力有帮助。因此，适量的硫氨基酸可以提高蛋鸡的整体健康和生长表现。

硫含量不足会影响产蛋鸡的产蛋率，因为甲硫氨酸是维持正常产蛋率必不可少的营养素之一。甲硫氨酸还参与蛋壳形成中的蛋白质合成，直接影响蛋壳的质量。用于合成蛋壳的蛋白质中如果缺乏这些必需氨基酸，会导致蛋壳质地变薄或强度不足。适量的硫氨基酸还可以改善蛋黄的大小和质量，因为它是合成卵黄中重要脂类的组成部分。

虽然硫的直接需求量不是特别高，但必须通过蛋鸡饲料中的甲硫氨酸和半胱氨酸的形式提供足够的硫，以保证它们的正常生长和生产性能。一般情况下，商用蛋鸡饲料会特别添加甲硫氨酸来满足这些需求。

四、钾、氯、钠元素对蛋鸡生长和生产的影响

(一) 钾元素

钾是一种重要的常量矿物质，对于蛋鸡的生长和生产具有不可忽视的作用。在鸡只的身体中，钾主要参与水分的调节、维持酸碱平衡、神经和肌肉的正常功能以及酶系统的活化等。

1. 钾对蛋鸡生长的影响

钾参与细胞内外液体平衡的维护，对于细胞功能至关重要。钾的不足可能导致细胞膨胀或收缩，影响细胞代谢和健康状态。钾涉及神经冲动的传递和肌肉收缩，对幼鸡的运动协调性和肌肉发育非常关键。缺钾的鸡只可能会出现肌肉无力和降低活动能力。在酸碱平衡方面，钾对维持血液 pH 值的稳定至关重要。体液的酸碱度对酶的活性和各种生化反应的速率有很大影响，钾缺乏可能导致代谢紊乱。

2. 钾对蛋鸡生产的影响

钾缺乏可能导致产蛋性能下降。钾对细胞代谢活动必不可少，包括影响蛋黄的合成以及其他与生产蛋相关的生理过程。肌肉和神经的正常功能依赖钾，发育不良的肌肉可能会影响蛋鸡的产蛋能力和蛋品质。由于钾对心脏功能至关重要，钾的严重缺乏可能导致心脏问题甚至猝死，影响群体的整体生产性能。

蛋鸡对钾的需求量通常可以通过日常饲料的供给得到满足，但是在特定的应激状况下，如高温应激，钾的需求量可能会增加，因为高温会导致钾的损失增加，可以考虑通过电解质补充剂来补充钾以应对这类状况。

(二) 氯元素

氯元素是电解质之一，对于蛋鸡的健康和生产均具有重要作用，尤其在涉及细胞内外的离子平衡、酸碱平衡、消化以及代谢等方面。氯通常与钠和钾共同作用，帮助维持细胞的电动力和水分平衡。

1. 氯对蛋鸡生长的影响

氯是胃酸（盐酸）的一个组分，它对食物的消化起着至关重要的作用。幼鸡在生长发育过程中，足够的氯能够保证高效的营养吸

收，进而维持良好的生长速度。氯与其他电解质（如钠和钾）协同作用，保证细胞内外离子和水分的正常平衡，这对于细胞的正常功能以及肌肉和神经的正常反应不可或缺。此外，氯参与很多生物化学反应和代谢过程，也对免疫系统的正常功能有重要作用。氯缺乏可能会导致代谢紊乱和免疫力下降。

2. 氯对蛋鸡生产的影响

适量的氯能够促进蛋鸡保持稳定的产蛋率。氯的不足可能会降低食欲，进而影响营养摄入，减少产蛋量。充足的氯摄入有助于提高饲料转化效率，进而改善蛋黄的品质和蛋壳强度。此外，氯元素还是维持蛋鸡电解质平衡和防止热应激的重要元素，蛋鸡在高温环境或热应激情况下，会出现电解质的大量流失，这时氯的补给尤其重要。维持电解质平衡有助于减轻热应激的负面影响，保持蛋鸡的生产性能。

确保蛋鸡获得足够的氯通常不难，因为含氯的盐（氯化钠）是大多数家禽饲料配方中的常见成分。然而，过量的氯可能导致水分的失衡和其他相关问题，因此在饲养管理中确保氯的适宜水平十分重要。

（三）钠元素

1. 钠对蛋鸡生长的影响

与氯元素一样，钠参与维持细胞内外的水分和电解质平衡。适量的钠有助于维持细胞结构和功能，从而支持正常的生长过程。同时，钠离子在神经信号的传递过程中起关键作用，这对幼鸡的运动协调能力和整个机体功能都极为重要。钠还参与一些营养物质，如葡萄糖和氨基酸的吸收。钠的适当水平可以促进这些关键营养物的有效吸收，对幼鸡的生长至关重要。

此外，钠也可以影响蛋鸡的摄食行为，钠的不足可能导致摄食量下降，进而影响生长速度。

2. 钠对蛋鸡生产的影响

钠对产蛋率具有正面影响，因为它参与维持鸡体的生理平衡和细胞功能，从而间接影响蛋的产生。钠对维持酸碱平衡有影响，而酸碱平衡又与蛋壳的形成有关，钠的适当水平有利于蛋壳的质量维护。尤其在高温或应激条件下，适宜的钠水平有助于维持电解质平衡，减轻应激对产蛋的影响。

一般而言，蛋鸡的饲料中通过添加食盐（氯化钠）来满足钠的需求。然而，饲料中钠的浓度须仔细控制，确保既不会发生缺钠，也不会因过量导致负面影响。饲料中的钠水平需要根据鸡只的生长阶段、健康状况以及环境因素（如温度）来调节。

五、铁元素

（一）铁元素的主要功能

铁是一种必需的微量矿物质，对动物的生长与生产至关重要。铁是血红蛋白的一个关键组成部分，也存在于肌肉中的肌红蛋白以及某些细胞色素中。血红蛋白和肌红蛋白的铁原子能够与氧气结合，帮助将氧从肺部输送至全身的组织和细胞，并将二氧化碳从细胞运回肺部以供排出。铁是许多酶的重要组成部分，这些酶参与诸如细胞能量代谢、DNA 合成和修复以及抗氧化反应等多种生命维持过程。例如，线粒体中的细胞色素 C 氧化酶就含有铁，它参与了细胞呼吸过程中的电子传递链。同时，铁是一些涉及细胞增殖和分化的酶的辅因子，对维持正常细胞功能至关重要。此外，铁对免疫细胞的功能很重要，例如铁对淋巴细胞的增生和成熟具有支持作用，缺铁会使免疫系统受损，降低对感染的抵抗力。

（二）铁缺乏对蛋鸡的影响

铁缺乏在蛋鸡中可能产生多种负面影响，影响它们的生长、健康以及生产性能。最常见的铁缺乏症状是贫血，因为铁是合成血红蛋白的必需元素。血红蛋白水平下降会影响细胞和组织的氧气供应，导致蛋鸡出现虚弱、生长迟缓以及体重增长不良等问题。由于氧气运输受阻，细胞的代谢能力会下降，进而影响鸡只的整体生长表现。幼鸡对铁的需求尤其高，铁缺乏对其生长发育影响显著。铁是多种酶的活性中心，包括那些支持免疫功能的重要酶，铁缺乏可能减弱蛋鸡的疾病防御能力，使其更易感染疾病。此外，铁虽然不是蛋壳形成的主要元素，但因其在氧气输送和酶活性中的角色，其缺乏仍可能间接影响蛋壳质量。铁缺乏可能影响蛋鸡的繁殖系统，导致产蛋率降低，有时也可能影响蛋的质量和孵化率。铁是细胞色素 C 氧化酶的一个组分，这是呼吸链中的关键酶，参与产生细胞能量（ATP）。因此，铁缺乏会影响能量的产生，使得鸡只缺乏活力。

铁是基本微量元素，蛋鸡从出生就需要获得足够的铁。孵化后的幼鸡通过吸收卵黄内的铁获得初步的铁储备，但随后它们需要通过饲料摄入足够的铁来支持快速地生长和维持一般生理机能。饲养管理中应监测和保证蛋鸡饲料中铁的水平，避免蛋鸡出现铁缺乏及其相关问题。在发现铁缺乏迹象时，可通过饲料补充或注射铁制剂来纠正。

六、锌元素

（一）锌元素的主要功能

锌是许多酶的辅助因子或活化剂，参与机体内超过 300 种酶的活动，包括 DNA 和 RNA 聚合酶、醛脱氢酶、碳酸酐酶等。这些酶涉及蛋白质合成、核酸合成、细胞分裂和代谢等诸多生化过程。锌对动物的免疫系统具有重要作用。它对淋巴细胞的生产和功能至关重要，缺锌会导致免疫缺陷，这可能增加感染和疾病的风险。另外，锌在皮肤整合、伤口愈合以及毛发和皮肤腺体的保养方面有重要作用。锌缺乏常常表现为皮肤病变、毛发丧失和伤口愈合缓慢。锌有助于维持细胞膜的结构和完整性，通过参与调节细胞膜的流动性和膜间信号传导，锌有助于保护细胞免受氧化应激的伤害。锌参与胃酸的分泌及其调节，有助于提升消化效率。锌还参与生殖细胞的发育，对雄性和雌性动物的生殖健康都很重要。此外，锌的过量摄入可干扰其他矿物质的吸收，如铜和铁，从而导致其他营养素的缺乏。

（二）锌缺乏对蛋鸡的影响

锌是生长必需的微量元素，缺少它会导致幼鸡和青年蛋鸡的生长发育延迟。蛋鸡摄入的锌元素不足可能会出现羽毛发育不良，如羽毛稀疏、畸形或者羽毛颜色变淡。同时，诱发皮肤和足部可能出现病变，如皮炎或脚垫炎。雄性蛋鸡可能表现为生殖器官（如睾丸）生长缓慢或发育不良，雌性可能会出现产蛋减少和蛋壳品质的下降。此外，锌对骨骼健康至关重要，缺锌可能导致软骨病和骨骼发育不全。锌对免疫系统是必须的，缺锌的蛋鸡易患病，应激能力降低。锌参与调节味觉，缺锌的蛋鸡可能会出现食欲不振，导致营养摄入不足，蛋鸡可能会产蛋量减少。

由于锌在许多生化过程中的核心作用，确保蛋鸡获得足够的锌是非常关键的。动物饲料中常通过添加锌的有机或无机补充剂来预防缺锌现象。在设计和配制蛋鸡的饲料时，应考虑到锌的生物利用率和饲料中存在的其他成分（如植酸）可能影响锌的吸收。一般来说，适当的饲料管理和配方可以有效预防锌缺乏问题。当出现缺锌迹象时，需要及时对饲料进行调整或补充锌含量，恢复蛋鸡的健康状况和生产性能。

七、铜元素

（一）铜元素的主要功能

铜是一种必需微量矿物质，是多种酶的辅酶或活性中心，包括几种重要的抗氧化酶（如超氧化物歧化酶）、多酚氧化酶、溶血酶和连接组织发育所需的赖氨酸氧化酶等。这些酶参与了机体内的多种代谢过程，如细胞内氧化还原反应、组织的发育和维持，以及铁的代谢。铜通过在赖氨酸氧化酶中起作用，参与了胶原和弹性蛋白的生成，这些是重要的结缔组织蛋白。铜还影响动物的免疫系统，包括白细胞的生成和功能，以及伤口愈合过程。在色素形成中，铜也必不可少。它参与合成色素的酶的活性，控制羽毛颜色的形成。此外，铜帮助维护铁在血液中的平衡，促进铁从食物中的释放、铁的吸收以及铁在血红蛋白合成中的重要作用。

（二）铜缺乏对蛋鸡的影响

铜缺乏可以对蛋鸡造成多种不良影响，影响它们的健康、生长以及生产性能。首先，铜是铁代谢中不可缺少的元素，它帮助将铁储存和运输至红细胞中，用于合成血红蛋白。因此，铜缺乏可以导致铁的利用障碍，进而引发微细胞性贫血。因为铜对许多酶系统有活化作用，铜缺失可能导致酶的活性下降，影响到细胞代谢和能量的产生，这可能会造成鸡只的生长速度减慢。其次，铜对于胶原蛋白和弹性蛋白的合成至关重要，这两者都是骨骼和结缔组织的关键组成部分。缺乏铜可能导致蛋鸡骨骼结构薄弱和易断裂。铜还是某些白细胞，特别是嗜中性粒细胞功能的关键，因此缺铜会减弱鸡只的免疫系统，使它们更容易受到感染。铜缺乏关联到整体生产性能的降低，包括摄入量减少，导致体重增加减慢。此外，铜缺乏还会影响蛋鸡羽毛的颜色和强度，因为铜是多种产色素酶的辅酶。铜的缺乏可能导致繁殖功能下降，包括降低产蛋率和影响后代鸡的生长发育。

蛋鸡对铜的需求较低，但仍然必须确保其饲料中含有足够的铜。常见的做法是在饲料中添加硫酸铜，以避免缺乏状况的出现。实际操作时应注意铜的添加量，避免过量摄入导致铜中毒。当鸡只出现上述缺乏症状时，应检查饲料铜含量，并调整以纠正缺乏状态。

八、锰元素

（一）锰元素的主要功能

锰是骨骼结构的关键组成部分之一，尤其是在软骨的形成和维护中发挥重要作用。它参与软骨细胞的合成和软骨上的多糖合成，对于保证骨骼健康至关重要。锰作为许多酶的辅酶，参与动物体中多种酶的活性，如超氧化物歧化酶、多种脂肪酸合成、胆固醇合成、葡萄糖生成等代谢途径中的酶反应。锰参与能量代谢，包括在糖解作用过程中转换糖、脂肪和氨基酸为能量。同时，锰是抗氧化体系中超氧化物歧化酶（SOD）的重要组成部分，有助于防止组织由自由基引起的损伤。研究表明，锰在动物繁殖生理中起重要角色，包括影响生殖激素的合成和分泌。锰影响蛋壳的形成，虽然它不直接构成蛋壳，但参与适应性钙的运输与利用，从而影响蛋壳质量和强度。

（二）锰缺乏对蛋鸡的影响

锰的不足可能会导致生长抑制、骨骼畸形、繁殖问题和蛋壳缺陷等问题。缺乏锰可能导致骨骼结构异常，软骨发育不全和畸形，如滑膜炎和副滑膜炎等问题，抑制正常生长，导致蛋鸡的体重增长减慢。锰缺乏可能导致繁殖性能降低，包括降低产蛋率和受精蛋孵化率。

另外，锰参与蛋壳形成中的钙代谢过程，因此锰的不足可能导致蛋壳脆弱、易碎或蛋壳变薄。锰缺失有时会导致神经系统的异常，表现为鸡只步态不稳或周围神经症。锰不足可能会影响羽毛的正常生长，导致羽毛异常或掉落。

饲养商品蛋鸡时，通常会在饲料中添加锰盐（例如氧化锰或硫酸锰）以提供所需的锰。然而过量的锰补充也可能对蛋鸡的健康产生负面影响，因此需要小心平衡饲料中的锰含量。恰当的饲料管理和定期检测有助于确保锰供应充足，预防因锰缺乏导致的问题。在确定或怀疑锰缺乏的情况下，应根据需要调整饲料中的锰补充水平。

九、碘元素

(一) 碘元素的主要功能

碘是合成甲状腺激素（主要是甲状腺素和三碘甲状腺原氨酸）的基础元素。甲状腺激素对于调节新陈代谢、增进蛋鸡的生长发育和维持正常的能量水平至关重要。其对蛋的生产、孵化以及后代的生长与发育都有直接影响。碘通过参与影响基础代谢率，通过甲状腺激素调节蛋鸡体内的能量利用和消耗，进而影响脂肪、蛋白质和碳水化合物的代谢。此外，甲状腺激素帮助维持体温平衡，调节热产生和身体对环境温度变化的反应。甲状腺激素影响羽毛生长和脱换，间接影响蛋鸡的外观和保温性能。

(二) 碘缺乏对蛋鸡的影响

甲状腺激素对调节新陈代谢和生长至关重要，碘的缺乏可能导致蛋鸡生长迟缓。导致产蛋量下降、孵化率降低、蛋壳质量变差，以及幼鸡发育不良。碘缺乏会降低基础代谢率，导致能量消耗下降，这可能会使蛋鸡显得乏力或肥胖。碘缺乏也可能影响蛋鸡的免疫系统，使其抵抗疾病的能力受损。碘对羽毛的健康也起作用，碘缺乏可能会导致羽毛异常。此外，在生长中的幼鸡中，碘缺乏可能会影响神经系统的正常发育，潜在地影响蛋鸡的行为和学习能力问题。

在养殖实践中，蛋鸡饲料中通常会添加足够的碘化盐（如碘化钾）以预防碘缺乏症。在饲喂蛋鸡时需要注意确保饲料中含有适量的碘，从而支持甲状腺激素的合成和它们在维持蛋鸡健康所发挥的其他作用。

十、钴元素

（一）钴元素的主要功能

钴对蛋鸡以及所有动物都是一种必需的微量矿物质，尽管它对蛋鸡的需求量很小，但它在蛋鸡生长和生理活动中起着重要作用。首先，钴是维生素 B_{12}（钴胺素）的一个组成元素，而维生素 B_{12} 在蛋鸡体内有多种关键作用，包括在红细胞的生成、神经系统的正常运作和细胞的新陈代谢中扮演重要角色。维生素 B_{12} 和钴参与某些氨基酸的代谢和甲基转移反应，这些是合成蛋白质和能量代谢过程中不可或缺的。由于钴是维生素 B_{12} 的组成部分，而维生素 B_{12} 又是红细胞合成所必需，因此钴的存在对于防止贫血具有重要意义。同时，钴通过维生素 B_{12} 的作用参与 DNA 的合成，对于蛋鸡的细胞分裂和增长至关重要。钴虽然不直接影响食欲，但它所参与的新陈代谢和能量生成过程影响蛋鸡的整体健康和营养状况，进而可能间接影响饲料的摄入。

（二）钴缺乏对蛋鸡的影响

钴缺乏可能不会直接出现在蛋鸡身上，因为钴需求量非常小，并且可以从维生素 B_{12} 的补充中得到满足。然而，在极端缺乏的情况下，缺乏钴可能会导致与维生素 B_{12} 缺乏相似的症状，包括生长迟滞、摄食量下降、贫血和整体健康状况不佳。

为了确保蛋鸡获得足够的钴，饲料通常会提供充足的维生素 B_{12}。因此，在合理的饲养管理下，钴缺乏在蛋鸡中通常不是一个显著的问题。

第五节　维生素

维生素是一系列具有不同化学结构的低分子有机化合物群体，它们在动物饮食中占有极微量的比例，约万分之一，远低于其他营养成分。尽管维生素本身不直接提供能量，也不构成动物体的组织和器官，其对维持动物的正常生理活动却是绝对必需的。仅需微量的维生素就可以支持生物体的基本代谢活动、健康生长、繁殖能力、疾病抗性以及维护正常生存功能。维生素通常不能由动物体内合成（或合成不足以满足生理需要），因此必须通过饮食来摄取。

养殖生产中常见的有：维生素 A，B 族维生素：包括维生素 B_1（硫胺素）、维生素 B_2（核黄素）、烟酸、泛酸、维生素 B_6（吡哆醇）、生物素、叶酸、维生素 B_{12}（钴胺素），维生素 D，维生素 E，维生素 K，维生素 C 等。动物饮食中缺乏任一维生素，均可能导致多种健康问题，包括生长速度减慢、生产效率降低、抵抗疾病的能力下降，严重时甚至会引发死亡。由于维生素缺失可能表现为复杂的临床症状，往往难以迅速确诊缺失的具体维生素种类。因此，在制定动物的日常饮食配方时，须按照推荐标准精确补充各类维生素，并采取措施消除可能破坏维生素的有害因素，以防止维生素缺乏症的发生。同时，蛋鸡因个体差异、生长阶段、环境、健康状况等因素，对各种维生素的需求量各不相同。饲料中通常会添加一定量的维生素混合物以满足蛋鸡的需求。维生素缺乏或过量都可能导致健康问题。例如，维生素 A 缺乏可能导致生长迟滞、眼疾和繁殖问题；维生素 D 缺乏可能引起软骨症和蛋壳缺陷。因此，平衡的维生素摄入对于维持蛋鸡的健康、最大化鸡蛋产量和保持蛋品质至关重要。饲料中添加的维生素需要根据蛋鸡的生长阶段、生产状况、健康状况和饲料中其他营养成分的可用性来调整。

一、维生素与动物机体代谢

（一）维生素 A

维生素 A 对家禽的生长和发育至关重要，尤其是对于幼雏，维生素 A 参与机体内蛋白质的生物合成过程，以及动物机体的骨细胞分化过程。如果蛋鸡摄入的维生素 A 不足，则会破坏机体成骨细胞和破骨细胞之间的动态平衡，在成骨活动不断增强的情况下，机体骨质过度增殖，也可能导致已经形成的骨质不能被吸收利用。此外，维生素 A 缺乏也是引发蛋鸡痛风的主要原因之一。

（二）B 族维生素

B 族维生素是一个庞大的家族，这些维生素在葡萄糖、脂肪和蛋白质的代谢中都发挥重要作用，帮助动物体内从饲料中获取能量。目前已知的就超过 12 种，其中 9 种为辅酶，已被广泛认为是参与机体内蛋白质、脂肪以及糖类代谢过程中的重要物质。B 族维生素之间相辅相成，必须同时摄入才能将其在动物代谢中的作用发挥出来，在使用 B 族维生素时，需要注意木桶原理，例如当每一种或者几种 B 族维生素缺乏时，如未得到及时地补充，则其他 B 族维生素也很难完全发挥出应有的作用。当然，在应用 B 族维生素时也应根据不同维生素的作用而有所侧重。如，维生素 B_1 主要为动物神经细胞提供能量，使神经细胞能量充沛，减少机体神经性炎症的发生概率；维生素 B_2 主要与动物上皮组织的恢复与维持有关，能够维持、改善动物上皮组织的健康，减少动物口炎等疾病的发生率；叶酸和维生素 B_{12}，对于红血细胞的生成和维持十分重要，缺乏这些维生素可能导致贫血。

（三）维生素 D_3

维生素 D_3（又被称为抗佝偻病维生素）是促进动物机体钙磷代谢重要调控因子，有助于促进动物机体对钙和磷的吸收和利用，促进动物骨骼的发育，保持动物机体正常的生长发育速度，提高养殖的饲料报酬。同时，提高动物的骨质密度，减少骨质疏松的发生和骨折等情况的发生概率，减少淘汰率。这对于蛋鸡来说尤为重要，因为蛋壳的形成需要大量的钙和磷。

在蛋鸡养殖中，维生素 D_3 有助于维持蛋鸡的骨骼健康，促进骨骼的形成和维持，同时也可以影响蛋壳的形成和强度，提高蛋壳的厚度，有助于提高鸡蛋的品质。在养殖中如果只关注到钙磷的补充，而忽视维生素 D_3 的作用，则会导致蛋鸡的代谢机能出现障碍，导致蛋鸡发生痛风的概率大幅提高。痛风主要是因蛋白质代谢紊乱，导致机体内大量的尿酸盐在关节、软骨组织以及机体的其他脏器、间质中沉积的代谢性疾病，在临床上又被称为"尿酸盐沉着"，该病的发生与

维生素 D_3 缺乏关系密切。

二、维生素与动物应激

动物应激是指动物对于内在或外在刺激做出的生理或行为上的反应。这些刺激可能是生物学上的,如疾病、捕食者、食物不足或气候变化,也可能是环境上的,如新环境、运输、社交压力或饲养环境的改变。这些刺激可能会导致动物产生一系列的生理、行为和心理上的变化,如心率的变化、激素水平的升降、免疫功能的改变、逃避、攻击、社交行为的改变,以及压力反应等。长期或过度的应激反应则可能会对动物的健康和生产性能产生负面影响。

通过改善动物的饲养环境,为其提供充足的活动空间,确保生活环境舒适、安静、干净的饲养环境,确保动物有足够的空间、适宜的温度和通风。同时提供优质的饲料和充足的新鲜水源,确保饲料的质量符合动物的营养需求,进行营养调控,可以有效缓解应激反应对动物的危害。其中营养调控主要是指通过在饲料中添加具有抗应激作用的维生素、中草药制剂等,对动物机体进行代谢调控,以提高动物应对外界环境变化,如冷应激、热应激等的适应能力。

在营养调控中,维生素具有缓解动物热应激的作用,主要是针对动物机体内代谢的催化反应与效率方面进行调控,以达到快速释放机体能量,满足动物机体组织各项器官功能的增强需要,以及生物膜损伤修复、细胞变形修复等一系列生物反应的能量供应,而这一系列反应的核心物质就是维生素。

(一)维生素 C

维生素 C 是最可靠的抗应激物质,在抵抗动物应激中起着关键性作用。首先,维生素 C 是一种抗氧化剂,具有中和自由基的能力,可以减轻氧化应激对细胞的损害。当动物受到应激刺激时,机体内的氧化应激可能会增加,导致自由基的过度产生,维生素 C 能够帮助稳定自由基,减少细胞的氧化损伤,从而减轻应激的负面影响。其次,维生素 C 有助于调节肾上腺皮质激素的合成和代谢,对应激激素的分泌和稳定起着积极的调控作用,促使动物机体在增加能量供给的同时，可以避免发生免疫抑制。同时，维生素 C 有助于减轻炎症反应，促进伤口愈合和组织修复，通过促进胶原蛋白合成，增强机体血管壁的韧性和强度，减小应激对机体的应激损伤，有利于维持机体的正常功能。维生素 C 对缓解应激刺激下动物机体的甲状腺功能减退，维持机体产生足够多的内源性维生素 C 十分有效。此外，维生素 C 有助于促进免疫系统的功能，包括增加白细胞数量和活性，增强细胞因子和抗体的分泌，提高机体的免疫抵抗能力，在防止动物在应激刺激下感染各类疫病至关重要。

维生素 C 通过其抗氧化、免疫调节、激素调节和组织修复等多种生理作用，对于动物的抗应激反应起着重要作用。因此，保证动物获得充足的维生素 C 是保障其抗应激能力和整体健康的重要措施。

（二）B 族维生素

B 族维生素如硫胺素、核黄素、烟酸和泛酸参与能量代谢过程，并促进酶的活化，与糖类、蛋白质以及脂肪等多种营养物质的代谢密切相关，有助于提供机体应对应激时所需的能量。B 族维生素特别是维生素 B_1、维生素 B_6 和维生素 B_{12} 对神经系统的正常功能至关重要。在应激时，充足的 B 族维生素有助于维持神经传导和神经细胞的正常活动，B 族维生素释放的关键性物质可以为应激反应后动物神经系统激增后提供所需的能量。泛酸对肾上腺皮质激素的合成与代谢有调节作用，有利于维持机体的正常应激反应。B 族维生素（如维生素 B_6、叶酸和维生素 B_{12}）对免疫系统的功能有重要作用，能够促进细胞免疫和抗体产生，有助于提高免疫力，降低外界应激对免疫系统的影响。此外，B 族维生素还参与动物机体消化道黏膜等上皮组织的修复与更新过程，能够维持消化道黏膜的完整性，维持动物正常的胃肠消化功能和食欲。

（三）维生素 E

维生素 E 是一种脂溶性抗氧化剂，可以捕捉并中和自由基，减轻氧化应激对细胞的损害。在应激情况下，身体内的氧化应激可能会增加，导致细胞损伤，维生素 E 的抗氧化作用有助于维持细胞膜的稳定和防止氧化损伤。维生素 E 能够减轻炎症反应，有助于降低应激状态下的炎症水平，促进组织愈合和恢复。同时，维生素E是维持动物机体血清中皮质醇、甲状腺素以及磷酸肌酸酶水平的重要物质，能够降低应激状态下，激素减少或者酶水平降低所造成的代谢紊乱。维生素E还参与磷酸化的正常反应过程，与维生素C的合成、辅酶合成以及含硫氨基酸的代谢过程密切相关。此外，维生素E对免疫系统功能有一定的调节作用，有助于提高机体的抗病能力，减轻应激对免疫系统的负面影响。

三、维生素与机体免疫

动物的免疫系统是其重要的生命保护系统，可以识别机体自身与非自身的物质，同时可以识别自身非正常出现的抗原物质，对其进行免疫清除，以维持机体的生理平衡和内环境稳态平衡，保护动物免受外来病原体（如病毒、细菌、真菌、寄生虫等）侵害，以及清除异常细胞和有害物质。

免疫系统由免疫器官、免疫细胞以及免疫调节因子组成。免疫系统中重要的免疫细胞包括白细胞、淋巴细胞（包括B细胞和T细胞）、巨噬细胞、自然杀伤细胞等。这些细胞在免疫反应中起着重要作用，包括识别和清除病原体、产生抗体或进行细胞毒性杀伤等。包括体液内的抗体和其他免疫蛋白，它们可以直接中和病原体或者激活免疫细胞，起到保护作用。组织器官包括脾脏、淋巴结、骨髓等，这些器官是免疫细胞的重要生理和功能场所，在这些组织中，免疫反应得以发生和调节。免疫调节因子包括细胞因子、趋化因子等，它们在免疫反应过程中发挥调节、传递信号的作用。

在动物体内，这些免疫系统的组成部分相互协作，形成一个复杂的免疫防御网，以保护动物免受病原体的侵害。免疫系统通过识别、记忆、应对感染和恢复等过程，维护着动物的健康和生存。

维生素是多种酶的辅酶或者辅基，与动物机体的免疫应答过程密不可分，这些维生素间接地参与到免疫细胞的增殖、分化以及部分抗体的合成当中，促进动物机体免疫器官的正常发育和免疫淋巴细胞的分化、增殖，以及受体的表达、活化和抗体、补体的形成。

（一）维生素 A

维生素 A 是一种生长性的维生素，参与动物机体上皮细胞的形成与修复，有助于保持动物机体细胞膜的强度，而帮助机体抵御外界病原微生物透过细胞膜入侵体内，发生感染。研究表明，超过 90% 的病原微生物（如细菌、病毒以及寄生虫）感染，均是从机体黏膜表面开始的，完整的黏膜能够抑制病原微生物的繁殖，同时将其黏附在表面，防止其入侵。随着研究的不断深入，维生素 A 在黏膜免疫中的作用越来越受到重视。

维生素 A 可以促进免疫细胞（如 T 细胞、B 细胞、巨噬细胞等）的发育和增殖，增强它们的功能，从而促进机体的免疫反应。维生素 A 在调节免疫细胞分化和功能中发挥着重要作用，尤其是对淋巴细胞的发育和调节，有助于提高免疫细胞的活性。最新研究发现，维生素 A 是通过抗原递呈细胞作用机体免疫系统的。

（二）维生素 C

维生素 C 是一种抗氧化剂，能够清除自由基和减轻氧化应激对免疫细胞的损伤，有助于维护免疫系统的正常功能，同时对维生素 E 净化自由基的特性有一定的恢复作用。还能够增加白细胞的数量和活性，包括对巨噬细胞、T 细胞和自然杀伤细胞的增强，从而提高免疫细胞的杀菌和清除能力，增加干扰素的合成。维生素 C 可以促进免疫细胞的记忆和增强效应，提高机体对抗原的识别和应对再次感染的能力。

（三）维生素 D

维生素 D 具有多种免疫调节作用，能够维持机体免疫抑制与免疫异常增强之间的稳态平衡，从而起到双向免疫调节的作用。维生素 D 能够调节多种免疫细胞的功能，包括 T 细胞、B 细胞、巨噬细胞和树突状细胞等，修饰 T 淋巴细胞和 B 淋巴细胞的活性，有助于提高免疫细胞的活性和功能。维生素 D 可以通过调节白细胞介素-1（IL-1）、白细胞介素-2（IL-2）、白细胞介素-3（IL-3）等免疫球蛋白对机体的免疫反应进行调节，可以影响免疫细胞的记忆和增强效应，提高机体对抗原的识别和提高应对再次感染的能力，促进免疫细胞对病原微生物的清除，提高机体的抗菌能力。

（四）维生素 E

维生素 E 是一种脂溶性抗氧化剂，能够清除体内自由基，减轻氧化应激对免疫细胞的损伤，从而保护免疫系统的正常功能。同时维生素 E 作用于靶细胞，可以影响机体内 PGE 的分泌，并且能够与维生素 C 和矿物质硒（Se）进行协同反应，提高动物机体细胞介导的免疫应答反应，提高巨噬细胞的吞噬功能，进而影响机体的免疫应答状态。维生素 E 有助于增强免疫细胞，如淋巴细胞、巨噬细胞等的活性，提高它们对病原体的清除能力。维生素 E 有助于调节免疫细胞的信号传导，增强免疫细胞之间的相互配合和免疫反应的协调性。此外，维生素 E 能够减轻炎症反应，调节免疫炎症过程，有助于降低炎症水平，保护机体免受过度炎症反应的伤害。

（五）B 族维生素

维生素 B_6 能够促进 T 细胞和 B 细胞的发育和功能，从而增强免疫细胞的活性和抗原清除能力。其在免疫细胞之间的信号传导中发挥着重要作用，促进免疫细胞之间的相互配合和免疫反应的协调性。此外，维生素 B_6、叶酸、泛酸、胆碱和维生素 B_{12} 等是核酸及氨基酸代谢中的重要辅酶的辅基，对抗体生成过程有一定影响，有助于提高机体对感染的抵抗能力。

第六节　水

一、水对蛋鸡的生理作用

水是蛋鸡最基本、最重要的营养素之一，其对蛋鸡的生长与生产具有至关重要的作用。首先，水具有运输营养物质的作用，水是溶解和运送营养物质到细胞以及运送废物排出体外的重要媒介。同时也是构成细胞和组织的重要组成部分，几乎所有生化过程都在水的环境中进行。水参与消化过程，促进食物的分解和养分的吸收，并帮助消化后废料的排出。同时，水还参与蛋鸡体液的构成，协助维持酸碱平衡和药物及代谢产物的清除。通过喘气和蒸发皮肤上的水分，水分的散失帮助蛋鸡调节体温，尤其重要于在高温环境下的家禽。此外，水为关节、眼睛及其他器官提供必要的润滑功能，可通过泌尿系统排出，帮助去除体内积聚的有害物质和代谢废物。

水分的摄取对于维持蛋鸡的生产性能至关重要。脱水会迅速影响蛋鸡的生理状态，导致产蛋量下降、增长减慢、抵抗力下降，严重时甚至死亡。无论季节如何变化，都必须确保蛋鸡有持续不断的清洁水源。尤其在气温较高或湿度较低的环境中，应特别注意水的供给，以避免热应激带来的健康问题。在管理上，水质和水量都应得到适当地监控和控制，以保证蛋鸡健康和优化生产性能。

二、水在蛋鸡产蛋过程中的作用

水在蛋鸡产蛋过程中具有至关重要的作用，它直接和间接地影响蛋的产生及蛋质。水参与蛋壳的形成，尤其是在钙质沉积阶段，水的充足供应对于形成有良好结构的蛋壳是必需的。水是营养物质，特别是钙和其他矿物质到达卵巢和输卵管的载体，对支持蛋的形成和蛋壳的质量至关重要。良好的水分摄取支持消化系统的功能，确保了鸡饲料中营养物质的有效吸收，进而提供产蛋过程所需的能量和原料。蛋鸡的血液中有较高的水分，血液循环带走体温，可运送重要的营养物质到生殖器官，支持胚胎发育。

三、水缺乏对蛋鸡的影响

水分的不足或水质的问题都可能导致产蛋量降低、蛋壳质量下降及总体健康状况不佳。缺水会导致蛋鸡的产蛋量明显下降，甚至完全停止产蛋。这是因为缺水会影响卵巢的功能，进而降低产蛋量。缺水会导致蛋壳质量下降，蛋壳变薄，容易破裂，甚至不规则形状的蛋的产生。缺水会限制蛋鸡的生长，并可导致肌肉发育不良和体重下降。同时，缺水会导致蛋鸡的免疫系统下降，增加罹患疾病的风险，例如尿道结石、消化问题等。此外，缺水使蛋鸡难以调节体温，尤其是在高温环境下，容易出现中暑等问题。缺水还会导致蛋鸡表现出异常的行为，例如试图寻找水源，尤其是在缺水时间较长的情况下。

保证产蛋鸡有充足和清洁的水源是维持其生产性能的关键。此外，特别是在高温环境下，蛋鸡可能需要更多的水来降温，因此在这种情况下水的可用性尤其重要。饲养者需要密切监测水的摄入量，确保水源可靠并且水质良好，以维护蛋鸡的健康和最大化其生产潜力。

第五章

蛋鸡的饲养管理

　　蛋鸡的分阶段饲养管理非常重要，因为不同生长阶段的蛋鸡有不同的营养需求和生长特点。分阶段饲养管理可以根据蛋鸡的生长发育情况，有针对性地提供适宜的饲料、管理和环境条件，从而最大限度地发挥蛋鸡的生长潜力、提高产蛋率和保障蛋的质量。在蛋鸡养殖中通常会将整个饲养分为育雏期、育成期和产蛋期3个时期。

第一节　育雏期

　　在一般情况下，蛋鸡0~6周龄称为育雏期，这一阶段又可以被分为2个阶段，其中0~2周龄为育雏前期，2~6周龄为育雏后期。蛋鸡育雏期是非常重要的，因为这个阶段的养殖质量决定了将来蛋鸡的生长效益和生产水平。科学养殖可以有效地确保雏鸡的健康成长，减少雏鸡的死亡率。采取科学的饲养方法，提供适宜的饲料、饮水和合理的环境，可以减少因疾病、环境适应不良等原因导致的死亡，提高雏鸡的成活率。同时，育雏期间蛋鸡科学的饲养管理，能够避免因疾病影响雏鸡的生长发育，也是后期蛋鸡保持高效的产蛋性能的保障。

一、进雏之前的鸡舍准备

（一）清洁和消毒

鸡舍进雏之前的环境准备工作非常重要，这些准备工作可以确保雏鸡在饲养环境中得到良好的生长和发育。在雏鸡进入鸡舍之前，鸡舍需要彻底地清洁和消毒，包括清除鸡舍内的废料和废弃物，进行地面、墙壁和设备的清洁和消毒，这可以减少传染病的风险，保证雏鸡进入一个清洁、卫生的饲养环境。规模化养殖场在进雏前1周，需要使用2%的氢氧化钠溶液或者1%的来苏儿溶液将鸡笼、饲槽等养殖器具彻底地冲洗、消毒，然后使用清水将其冲刷干净后，置于阳光下暴晒。同时将鸡舍内的污物、垃圾、废物等彻底清理干净后，按照2∶1的比例，即浓度40%的甲醛 $10mL/m^3$，高锰酸钾 $5g/m^3$ 计算用量，将鸡舍门窗密闭后进行熏蒸消毒 20～30min，可打开门窗通风48h备用，等待进雏。

（二）温度和湿度调节

雏鸡对外界环境的敏感度非常强，不耐冷应激，保持适宜的温度和湿度对雏鸡的生长至关重要。在进雏前，须确保鸡舍内温度适宜（通常33～35℃），湿度50%～70%。可通过调节加热设备、通风设备和湿度控制设备，确保鸡舍内的温湿度处于适宜的范围。

（三）饮水和饲料设施准备

在雏鸡进入鸡舍之前，需要准备好清洁的饮水设施和饲料设施。确保饮水设施的水质干净、无污染，并保证充足的水源供应。饲料设施需要进行清洁和消毒，以确保雏鸡获得干净、安全的饲料。

（四）排水系统和光照系统检查

排水系统的畅通对鸡舍的环境卫生和水源供应至关重要。在进雏前需要检查排水系统，确保排水通畅，避免饮水和饲料受到污染。合适的光照条件对雏鸡的生长也非常重要。在进雏前需要确保鸡舍内有适宜的光照，或者提供适当的人工光照设备。

二、进雏当天的饲养管理

进雏当天须提前将鸡舍的温湿度、光照、水槽、饲槽准备好，并添好水和饲料。运输鸡雏的车辆和纸箱等须在进入场区之前进行喷洒消毒，避免将病原微生物引入场区。引进鸡苗后，须快速将鸡雏投放到准备好的育雏笼当中，同时由养殖经验丰富的工作人员将弱雏、病雏及时挑出，做淘汰处理，避免因其抵抗力弱而增加整个群体的发病风险。工作人员可根据观察鸡雏眼睛是否有神，羽毛是否顺滑，肛门是否清洁无污物，同时听鸡雏的叫声是否洪亮有力，非常清脆，来判断鸡雏是否健康。另外，健康的鸡雏腹部通常十分柔软，且脐口处无明显的愈合不良特征，颜色正常，无明显的紫红、紫黑色。

　　经过长途运输，鸡雏进入鸡舍后需要适当休息一段时间，在此期间的 1~2h 之内，只须为鸡雏提供充足的饮水，以便促进鸡雏胎粪的排出，同时补充其长时间运输所流失的水分。通常在鸡雏首次饮水时，加入适量的电解多维，以缓解长时间运输造成的应激刺激。进雏后即可为雏鸡提供 16~17℃ 的凉开水，雏鸡越早学会喝水和开食越好。待鸡雏休息、开饮一段时间后，就可以给雏鸡开食了，一般要保证鸡雏进入鸡舍后的 24h 之内必须进行饮水、吃料，否则会因营养供应不及时，而消耗雏鸡大量的卵黄囊中的营养，进而对雏鸡的生长发育和体质造成影响。

三、饲料和饮水供给

　　对于雏鸡阶段的营养需求，饲料供给需要提供适宜的蛋白质、能量、维生素和矿物质，以支持雏鸡的生长和发育。同时要注意饲料的易消化性和饮水的保障。这样能够帮助雏鸡健康地成长，并为以后的生产阶段打下良好的基础。

（一）饮水

　　雏鸡阶段对饲料营养物质和饮水的要求较高，优质的饲料和水源是保证雏鸡未来良好生长发育的基础。鸡雏进入鸡舍的前 3d，对饮水的要求较高，须为其提供洁净的水源，可在饮水中添加适量的葡萄糖、维生素等营养物质，防止雏鸡因早期生长发育机体器官负担过重，而出现疾病。雏鸡 3 日龄以后，可训练其使用自动乳头饮水器饮水，一般经过 2~3d 的诱导训练即可，但要注意定期对水管及水线进行清洁、消毒，并且饮水器乳头的高度应随蛋鸡日龄的增加及时调整，避免出现雏鸡无法饮到水的情况。此外，工作人员应定期查看饮水装置，避免其出现无水、漏水等情况。通常在 1~6 周龄，每只蛋鸡每天应保持 20~100mL 的饮水量。并且蛋鸡的饮水量应随气温和采食量的改变而发生改变，气温在 21℃ 以下时，饮水量应为蛋鸡采食量的 2 倍，并且温度每升高 1℃，饮水量应增加 7%，若气温在 32~37℃ 时，则饮水量应为采食量的 3~5 倍，气温每升高 1℃，饮水量要增加 14%，养殖人员应根据气候、日龄以及蛋鸡的采食情况合理控制蛋鸡饮水器的水流量。

(二) 饲料

育雏期间的发育与体重增长情况与蛋鸡免疫系统的形成密切相关，因此在育雏期间必须尽快提高雏鸡体重，以促进蛋鸡后续的生长发育和健康。雏鸡在生长初期对蛋白质的需求量较高，用于细胞分裂和组织生长，因此，雏鸡阶段需要提供高蛋白质含量的饲料，通常需要含有 20% 以上的蛋白质。雏鸡需要充足的能量来支持生长和发育，因此饲料中的能量来源，如淀粉和脂肪应充足。维生素和矿物质对于雏鸡的生长发育至关重要，尤其是维生素 A、维生素 D 和矿物质（如钙、磷和锌）。在雏鸡阶段应尽早投喂饲料，一般在 1~2 周龄的育雏前期须使用育雏前期全价饲料饲喂雏鸡，在 3~6 周龄使用育雏后期全价日粮饲喂雏鸡。

四、环境管理

(一) 温度管理

育雏前期鸡舍内环境温度的良好控制，是提高蛋鸡成活率的关键。蛋鸡出壳后的前 3d 对环境温度要求较高，一般 33~37℃。从蛋鸡 4 日龄开始，环境温度可以缓慢下降，4~7 日龄，34~36℃。蛋鸡 2 周龄以后，自身抵抗力逐渐提高，对外界环境的耐受力增强，此时可将环境温度控制在 30~32℃，此后每周将环境温度调低 1~2℃，最终将雏鸡阶段的环境温度保持在 25~27℃ 即可。在此期间要密切观察雏鸡的健康状态，一旦发现异常（扎堆、抱团或者张嘴呼吸）等情况，要及时调整控温装置，将温度恢复至适宜区间。

(二) 湿度管理

育雏期间的环境湿度对蛋鸡的健康生长也至关重要，湿度过高或者过低均会对蛋鸡后期发育产生不良影响。雏鸡出壳后的前 10d 对环境湿度要求较高，一般要将鸡舍内的相对湿度控制在 65%~70%，随后可将相对湿度逐渐降低。11~30 日龄的雏鸡鸡舍相对湿度控制在 60%~65% 即可；31~45 日龄时，可将鸡舍内的相对湿度调整为 55%~60%。45 日龄以后，蛋鸡的各项机能逐渐稳定，此时将环境湿度保持在 50%~55% 即可。

（三）光照管理

刚出壳的蛋鸡视力尚未发育完全，为避免光线不足对雏鸡的采食、饮水造成影响，出壳后的前 3d，鸡舍应 24h 光照。随着雏鸡的生长，视力逐渐发育健全，3~7 日龄光照时间可降为 22h，此后每周可将鸡舍内的光照时间降低 1.5~2h，一般要持续减少 6 周左右，直到光照时间降为 10h 后保持不变。除了光照时间外，光照强度也对雏鸡生长发育十分重要，蛋鸡出壳后的前 7d，视力发育不全，为避免影响雏鸡采食和饮水，光照强度 30~40lx，随着蛋鸡日龄增加，光照强度也可以逐渐降低，7~14 日龄的雏鸡，光照强度保持在 20lx 即可，这一光照强度保持 3 周时间，直至蛋鸡可以正常看到饲料和饮水，正常活动即可。此外，育雏后期光照减弱一些，还可以避免鸡群出现啄癖，以及生殖系统发育过早，开产过早等问题。

（四）通风管理

育雏期间对鸡舍的通风要求不高，根据养殖需要进行适当通风即可。良好的通风可以帮助维持适宜的温度、湿度和空气质量，提供雏鸡生长所需的舒适环境，同时有助于减少病原体和氨气等有害气体的滞留。但在秋、冬等季节通风时，需要注意做好防风保暖工作，避免通风后鸡舍内的温度下降过快，影响鸡舍的保温，造成雏鸡冷应激。此外，还要把握好通风时间，如果通风时间过长，导致鸡舍内温差过大，也会造成雏鸡的应激反应，容易发生呼吸道疾病。同时，要避免贼风入侵造成雏鸡着凉，开窗通风时，要开背风口。具体通风情况，可根据养殖场鸡舍构造以及通风的实际需要而定。

五、养殖密度管理

蛋鸡育雏初期阶段（刚孵化的前几天），雏鸡的体积较小，可以保持较高的饲养密度，一般15~20只/m²，这一密度可以帮助雏鸡维持自身体温，并且较为舒适。随着蛋鸡日龄和体重的不断增长，雏鸡的体积和运动量也随着增加，过于拥挤的养殖环境会影响雏鸡的正常采食和活动，从雏鸡第3周开始，可将饲养密度逐渐降至12~15只/m²，减少雏鸡因采食、活动发生踩踏、拥挤的情况，也有利于雏鸡应激反应和攻击性的降低。合适的饲养密度可以为蛋鸡提供舒适的生活环境，有利于日常良好的通风，减少有害气体的聚集，也有利于雏鸡肌肉和骨骼的健康发育。

六、免疫和药物保健

（一）免疫

在雏鸡阶段，免疫工作非常重要，因为这个阶段的免疫状况会直接影响雏鸡的健康和未来的生产性能。根据当地疫情和养鸡场实际情况，合理安排、及时接种疫苗，如新城疫病、传染性支气管炎、传染性鼻气管炎等。接种疫苗需要遵循鸡龄和疫苗使用说明，确保疫苗的质量和接种技术。定期对雏鸡进行健康监测，如观察雏鸡的生长情况、饮食情况、粪便是否正常等，及时发现异常情况并进行排查和处理。在疫苗接种期间，保证雏鸡的饮水和饲料的卫生，避免受到污染。定期清洁饮水器和饲料槽，并保持水质的清洁和新鲜。对于体质较弱，或者出现疾病的雏鸡要暂缓接种疫苗，避免因应激反应造成病鸡死亡。

由于地区差异，以及各养殖场疾病发生的情况不同，可以参考以下接种方案，制定适合自己养殖场的疫苗接种程序。

雏鸡1日龄注射马立克疫苗；7日龄时点眼或滴鼻新城疫、禽流感（H9）二联苗；12日龄时滴口法氏囊疫苗；18日龄饮水二免法氏囊疫苗；25日龄接种鸡痘疫苗，也可以根据疾病流行季节接种；30日龄接种禽流感（H5+H9）二价苗；40日龄时接种禽流感（H5+

H9）二价苗；50 日龄点眼接种鸡毒支原体疫苗。

（二）日常保健

雏鸡阶段容易感染多种疾病，因此加强这一阶段雏鸡的保健非常重要。雏鸡进入鸡舍后的 2 周时间，容易发生球虫感染，养殖人员可在为雏鸡首次接种法氏囊疫苗（12 日龄）后的 3~8d，给雏鸡投喂抗球虫药物，预防雏鸡球虫病。在此时期，应当重点采取措施预防多种疾病和呼吸道系统的感染，其中包括沙门氏菌引起的疾病。为预防疾病，可以考虑适当使用中草药制剂，以及采取竹炭吸附技术进行保健。一种可行的方法是，在雏鸡生长的最初两周内，在饲料中添加2%的竹炭粉颗粒，接着停止两周后，再在全价饲料中添加含有党参、黄芪、甘草以及茯苓等成分的中药配方，对于提高雏鸡后期的生长性能具有较为明显的效果。

养殖人员可通过观察雏鸡的状态以及采食情况，判断鸡群是否健康，如发现雏鸡有闭眼、打蔫的情况，则须提高警惕，可请专业的兽医工作人员诊断，以便于及时治疗，避免造成更大的危害。

七、雏鸡断喙

为了减少鸡在圈养条件下啄肛、啄羽造成的伤害，同时减少养殖中的饲料浪费，提高饲料转化率，有效提高养殖经济效益，在养殖实践中，通常会在雏鸡阶段进行断喙。一般选择在蛋鸡 8~10 日龄断喙，断喙时可使用温度合适的专业断喙器在雏鸡上喙的 1/2 处剪掉，同时将雏鸡下喙的 1/3 处剪掉。断喙需要专业人员进行，并且要迅速、准确地进行断喙，避免伤到雏鸡的舌尖，防止雏鸡喙根部位损伤出现流血情况。为降低雏鸡断喙期间的应激反应，可在雏鸡的饲料或者饮水当中添加适量的复合维生素，促进雏鸡的快速恢复。如果有个别的雏鸡有出血情况，则可在断喙后的 3~4d，在雏鸡的饲料中添加维生素 K，防止雏鸡发生感染。此外，刚断喙的雏鸡可停止使用乳头式饮水器饮水，待 4~5d 雏鸡好转以后再使用。注意雏鸡断喙应选在雏鸡健康、状态良好的情况下进行，对于健康情况不佳的雏鸡不需要断喙。

第二节 育成期

保证蛋鸡的体重和良好的体况标准是育成阶段重点需要关注的，其中体重达标主要是指蛋鸡在达到性成熟时体重是否达到相应的标准，体况标准则是指蛋鸡的胫骨长度是否达到养殖要求。蛋鸡育成期这两个指标是否达标，会直接影响蛋鸡后期的产蛋性能以及蛋品质。

一、营养需要

蛋鸡育成期的饲料应营养均衡，能够满足鸡的生长需要。蛋鸡育成期的饲料搭配需要根据蛋鸡的生长阶段和产蛋能力进行科学搭配，以确保蛋鸡获得均衡的营养，保持健康并提高生产性能。具体的饲料搭配可以根据饲养规模、鸡的品种和养殖技术等因素进行调整。

育成阶段是蛋鸡体重增长开始变缓，并且肌肉、生殖系统开始快速发育的时期，这一阶段必须为蛋鸡提供充足的能量和蛋白质营养，以为蛋鸡产蛋期的高产蛋率和蛋品质提供保障。一般蛋鸡育成后期可将日粮中赖氨酸的含量从 0.66% 降至 0.45%，饲料蛋氨酸的含量由 0.27% 降至 0.2%，苏氨酸的含量由 0.45% 降至 0.3%，同时保持饲料中粗纤维 8%、钙（0.6%~1%）、磷（0.3%~0.75%）以及氯化钠（0.3%~0.5%）等营养物质含量不变。蛋鸡育成后期，可以适当限饲，能够降低养殖的饲料成本，并且对后期蛋鸡的产蛋无不良影响。

二、饲养管理

蛋鸡育雏期结束后（6 周龄）到蛋鸡 20 周龄左右开产的这段时期为育成期，这一阶段蛋鸡的健康状况对优化蛋鸡的产蛋性能非常重要。首先，这一阶段需要加强疾病的防控管理工作，定期对养殖场的内外环境进行清洁、消毒，最好 2 周左右进行一次全面的消毒。同时根据当地疫病的流行情况继续完成蛋鸡的疫苗免疫计划，通常可在蛋鸡 8 周龄前后，对鸡群完成新城疫疫苗的接种，在蛋鸡 16 周龄左右，对鸡群完成禽流感疫苗的注射。其次，确保鸡舍的通风情况良好，确保鸡舍内的空气流通量充足，避免氨气、硫化氢等有毒有害气体积聚过多，对蛋鸡产生危害。蛋鸡育成期鸡舍内的环境温度控制在18~22℃为宜，相对湿度控制在45%~60%，能够有效防止呼吸道疾病的发生。

三、体重管理

育成阶段蛋鸡体重达标的情况将直接影响后期产蛋性能，研究表明，在育成期蛋鸡的体重每提高45g，则在产蛋周期中的蛋重可以增加0.5g，因此保证育成期蛋鸡的体重增长对保证产蛋性能非常重要。蛋鸡一般在120d前后进入性成熟阶段，在这之前是蛋鸡体重增长的关键时期，这一阶段必须实时检测蛋鸡体重的变化，以便于及时调整养殖策略。建议养殖场每周进行1次蛋鸡体重抽样称重，对于体重不达标的蛋鸡可以挑出单独饲养，通过补饲等弥补措施，改善蛋鸡的体重情况。在正常情况下，蛋鸡在6~20周龄育成期的理想体重增长速度应为每周增长95~110g，蛋鸡在18周龄前后体重会达到峰值，在这一阶段应保证蛋鸡整群80%以上的体重达到标准，具体数值可根据蛋鸡品种的不同以及个体的差异进行调整。实际养殖生产中可选取同一批次的蛋鸡在同一时间点选取适量的蛋鸡测量体重，体重测量的样本数应为整个蛋鸡群体的5%~10%，这样才具有代表性。如果养殖场出现批量蛋鸡体重不达标的情况，应及时排查原因，检测饲料的质量是否合格，营养水平是否符合相应的养殖标准，同时检查蛋鸡是否有疾病发生，及时发现问题，并采取措施补救。

四、胫骨状况

蛋鸡育成期的胫骨发育状况对鸡的生长和健康状态有着重要的影响，是鸡的主要运动支撑结构之一，因此它的发育状况直接影响着鸡的运动能力和整体的生长状况。如果蛋鸡育成期的胫骨发育不良，可能表明骨骼生长畸形，甚至出现骨质疏松等问题，影响鸡的生长速度和产蛋能力。胫骨发育不良也可能导致蛋鸡产蛋困难或者产下质量不佳的蛋，由于骨骼支撑不足，可能导致鸡在产蛋时面临较大的身体压力，从而影响蛋的生产质量。此外，胫骨的发育情况也影响着蛋鸡的使用寿命，一定程度上决定了蛋鸡的产蛋周期和经济效益。胫骨发育状况也与蛋鸡摄取营养的能力有关。骨骼发育不良可能会影响蛋鸡对饲料的摄取和消化吸收，最终影响鸡的生长速度和产蛋量，如饲料中营养成分的不平衡，特别是钙、磷、维生素 D 等对骨骼生长发育至关重要的营养素的缺乏，会对胫骨的发育造成不利影响。

五、转群管理

蛋鸡育成期的转群必不可少，对蛋鸡后期的正常生长发育非常重要。蛋鸡育成期的转群一般在蛋鸡 60 日龄前后进行，将蛋鸡从育成舍转移到产蛋舍的过程，需要精心策划和管理，以确保鸡群的健康和生产性能。蛋鸡转群不仅是简单地将鸡群从一个环境转移到另一个环境中，还会对蛋鸡的行为和生理产生较大的影响，一旦操作不当则会引发鸡群应激反应，给蛋鸡后期的正常生长造成影响，甚至导致蛋鸡发病。在正式转群之前，需要提前做好相应的转群准备，在转群前 1 周，产蛋舍的环境要进行彻底地清洁和消毒，确保鸡群进入的环境是干净、卫生和适宜的。需要检查鸡舍的温度、通风、饮水设施和饲料投放系统等设备，确保运行正常，鸡舍内的温度需要调至 $18 \sim 22{}^{\circ}\mathrm{C}$，并且在转群前几天要逐渐降低旧舍的温度，以促进鸡群对新环境的适应。转群要在天气良好、气温适宜的时间进行，最好选在清晨或者傍晚，一天当中温度比较低的时间段，可以减轻鸡群因转群而出现的热应激反应。转群过程中要小心操作，避免出现粗暴驱赶的行为，减小对鸡只的惊吓刺激。在转群前后一段时间，需要逐步调整蛋鸡的饲料，以适应产蛋期的饲料配方。逐渐转换饲料类型，使鸡群适应新的饲料，避免产生消化道问题。转群完成后，工作人员要密切关注蛋鸡的行为和生理反应，新的环境和群体结构可能会导致鸡群压力增加，为了避免争斗、压力过大和受伤，需要适当管理鸡群行为，提供充足的活动空间和丰富的环境刺激。此外，转群之后，需要适当调整光照，这对鸡群的生产性能有着重要的影响，可逐渐调整光照时间和强度，使鸡群适应新的光照条件。

　　总之，通过科学合理的管理，可以帮助鸡群顺利适应新的环境，减少压力，保持健康的生产状态。

第三节　产蛋期

　　蛋鸡一般在 125 日龄前后进入产蛋期，到 150～155 日龄产蛋率达 90%，产蛋高峰期的持续时间以及这一阶段的产蛋性能直接决定了蛋鸡的养殖效益。在正常情况下，蛋鸡的产蛋高峰期会持续 300～350d，蛋鸡 480 日龄以后产蛋率会逐渐下降至 90% 以下，蛋鸡产蛋期间的饲养管理对蛋鸡产蛋性能的维持至关重要。

　　在产蛋期，蛋鸡的卵巢功能非常旺盛，产卵频率和数量都会达到高峰。卵巢会周期性地释放卵细胞，形成卵泡并最终排出成熟的卵子。在卵巢释放卵子后，原先的卵泡会形成黄体。黄体是一种暂时性的内分泌腺体，其主要功能是产生雌激素和孕激素，维持子宫内膜和促进卵巢发育。总的来说，蛋鸡产蛋期的生理特点主要包括卵巢功能旺盛、黄体形成、孕激素水平上升和蛋壳形成等方面。维持蛋鸡正常的生理功能，需要大量的营养物质，因此这一阶段的饲料搭配需要非常精细化。

一、蛋鸡开产后的营养需要

　　蛋鸡开产后摄入的营养物质除了维持自身生命活动外，还需要生产大量鸡蛋。产蛋鸡对能量、蛋白质、氨基酸等营养物质的需要包括自身维持、产蛋以及各项生命活动等方面。大约有 2/3 的蛋白质和 1/3 的能量用于产蛋，1/3 的蛋白质和 2/3 的能量用于蛋鸡自身维持。此外，蛋鸡对蛋白质的需要实际上是其对必需氨基酸的平衡需要。

　　蛋鸡产蛋期间对钙磷的需求特别高，这一阶段的蛋鸡极易出现钙磷缺乏的情况，但蛋鸡对饲料中钙的利用率平均仅有 50.8%，其中一枚重为 57.6g 的鸡蛋蛋壳重量可达 5.18g，其中含有钙 2.02g，生产这样一枚鸡蛋，蛋鸡所需的饲料钙为 3.98g。蛋鸡的体积小，贮存钙的能力较弱，若饲料钙补充不足，也会导致蛋鸡髓质骨长期亏空，继而会导致蛋鸡产软壳蛋，甚至出现蛋鸡疲劳综合征，甚至出现停产。

另外，由于蛋鸡的品种不同，在同一产蛋时期，同样生产一枚鸡蛋，在不同时期的采食量以及对营养物质的需求也有所不同。例如，罗曼系列蛋鸡产蛋高峰期的采食量标准为 110~115g/d，而农大 3 号仅为 82g/d。在实际养殖中，应根据不同的蛋鸡品种以及蛋鸡的生长阶段进行分段精准调控。

二、营养调控

蛋鸡开产后的饲养可划分为开产前期、产蛋高峰期和产蛋后期 3 个阶段，养殖人员可根据蛋鸡开产后的不同时期合理控制蛋鸡饲喂与营养供应情况。

（一）开产前期

1. 产蛋前期的营养供应

开产前期对蛋鸡合理的营养供应是蛋鸡进入产蛋高峰期后产蛋性能的保障，同时也是维持蛋鸡产蛋高峰十分重要的环节。与育成期相比，蛋鸡开产后对蛋白质、氨基酸以及钙磷等营养物质的要求更高。在蛋鸡开产前期可将饲料中粗蛋白的含量提高至 15%~16.5%，其中氨基酸平衡必须保证，将可利用赖氨酸的添加量控制在 0.75%~0.8%，蛋氨酸 0.4%~0.42%，苏氨酸的含量保持在 0.5%~0.55%。

2. 产蛋前期的调控措施

在蛋鸡产蛋初期可通过合理调控蛋鸡的饲料，促进蛋鸡的食欲和采食量。在蛋鸡 18 周龄（或者产蛋率为 1% 时）到 20 周龄，可在蛋鸡的饲料中添加适量的麸皮等粗饲料，可快速促进蛋鸡达到产蛋高峰，并且可以帮助体重差异较大的鸡群达到同步开产的目的。在蛋鸡进入 15 周龄以后，可以在日粮中添加 2% 以上的含钙物质，同时在饲料中添加适量的酸化剂，可以促进蛋鸡食欲，并降低石粉类物质被胃酸中和后的食欲问题，当蛋鸡的产蛋率达到 5%~10% 以上，可以使用富钙日粮饲喂蛋鸡。从蛋鸡 23 周龄开始，可以进行加饲，可增加蛋鸡的饲喂次数以及夜间的饲喂量。

养殖场可根据鸡群品种以及体况设计阶段性的饲喂方案，以满足其生长、生产需求。这一时期可将蛋鸡饲料中维生素和微量元素的含量提高 20%~30%，同时添加 1%~2.5% 的植物油、氨基酸、钙、磷等营养物质的摄入量可按照相应品种的摄入标准进行设计，以海兰褐蛋鸡为例，在初产阶段所需粗蛋白质为 17.8g/d，代谢能或者油脂为 13.2~13.8MJ/kg，总蛋氨酸为 446mg/d，总赖氨酸为 909mg/d，钙为 4g/d，为根据蛋鸡体况及时调整日粮，还可以设计蛋鸡产蛋 5%、50% 和 90% 时的阶段性采食量以及饲料配方。

(二) 产蛋高峰期

1. 产蛋高峰期的营养供应

蛋鸡的产蛋高峰期是指产蛋数量和频率达到最高水平的阶段。在这个阶段，蛋鸡需要获得足够的营养来支持卵和蛋壳的形成，确保蛋的质量和数量。蛋鸡需要足够的蛋白质、碳水化合物、脂肪、矿物质和维生素等营养物质，但又须确保蛋鸡摄入的能量不过剩，降低饲养成本，这就需要养殖者根据蛋鸡采食量、产蛋情况、季节以及原料的变化情况，进行实时调整，满足蛋鸡生产过程中的实际营养需要。

2. 产蛋高峰期的调控措施

产蛋高峰期养殖者可根据蛋鸡品种的营养标准，结合蛋鸡实际的采食情况、季节以及产蛋情况对饲料配方进行实时的调整。一般褐壳蛋鸡产蛋高峰期的粗蛋白每天需要提供 17.5~18.5g，粉壳蛋鸡 16.5~17.5g，同时根据季节及时调整，夏季的粗蛋白可以适当提高一点，冬季要降低一点。针对罗曼粉、农大系列的蛋鸡的生长特点，可设计高氨基酸、高矿物质和维生素，以及低蛋白的饲料。产蛋高峰期需要特别注意钙的供应量，确保蛋鸡的高产蛋率的需要量。

科学的饲料配方是蛋鸡高效产蛋的保障，而科学的饲喂管理则可以有效延长蛋鸡的产蛋高峰期，从而提高蛋鸡的养殖效益。养殖人员需要针对产蛋高峰期的蛋鸡的产蛋及代谢机能进行充分分析，在养殖成本合理的条件下，为蛋鸡提供高营养饲粮，以期延长蛋鸡的产蛋高峰期，可以通过合理控制饲喂次数，提高蛋鸡的食欲等方式，提高蛋鸡的营养摄入量。一定要注意不可使用发霉、变质或者劣质的饲料饲喂蛋鸡，同时还要保证饲料中各种原料混合均匀，避免蛋鸡挑食，导致营养摄入不均衡。

（三）产蛋后期

1. 产蛋后期的营养供应

蛋鸡的产蛋后期是指产蛋率降至 85% 至淘汰的这一阶段。在产蛋后期，蛋鸡的卵巢功能逐渐减弱，导致卵子的释放和卵的形成逐渐减少，这也是导致产蛋量逐渐减少的主要原因。同时蛋壳质量也随之降低，破蛋率和不规则蛋率均较之前大幅提高。这一阶段的蛋鸡对营养物质的需求情况也发生了较大改变，首先是对营养物质的需求量降低，机体对脂肪的合成和运转能力下降，对能量的需求也开始下降，并且对钙的利用效率也明显降低。这一时期应通过合理的营养调控，尽量延缓蛋鸡产蛋率下降的速度，并且将蛋鸡 50 周龄以后蛋壳的破损率降低，重点是合理控制日粮中钙的添加量。

2. 产蛋后期的调控措施

从生理角度来看，随着产蛋高峰期的过去，日产蛋率会逐渐下滑，这主要是由于肝脏长期工作消化脂肪，导致肝细胞受损，肝功能减退。此外，由于肝功能的减退，脂溶性维生素 A、维生素 D、维生素 E 的合成和吸收受阻，钙质沉积不足，蛋壳易碎。为了应对这一挑战，蛋鸡进入产蛋后期后需要注重营养的调配幅度，尤其是蛋鸡产蛋率降至 85% 时，可以开始降低饲料中的营养水平。可以通过降低饲料粗蛋白和氨基酸的含量，或者添加粗饲料来实现调整目标，养殖中可选择在产蛋后的饲料中添加 2%~3% 的麸皮，实现饲料营养水平平稳调整。

这一阶段的重点是提高钙的添加量，同时降低蛋鸡对磷的摄入量，如此可以有效降低 50 周龄后蛋壳的破损率。产蛋后期蛋鸡对每一枚鸡蛋的供给是相对稳定的，如果鸡蛋个头变大，则相应的蛋壳会变薄，也就更容易破碎，可以适当增加日粮中粗石粉的比例。以海兰褐蛋鸡为例，在其 50 周龄前后，可调整钙质细砂（直径为 0~

0.5mm）和钙质粗砂（直径为 2~5mm）的混合比例，由 38~48 周龄时的 45%：55%改为 40%：60%。

此外，还可以考虑添加胆汁酸，胆汁酸能够促进脂溶性维生素 D₃（鱼肝油）的消化吸收，增进钙磷吸收，提高体内钙含量，从而增强蛋壳的强度。肝脏在机体中扮演着重要的解毒角色，健康的肝脏有助于提高机体免疫力，降低蛋鸡的伤亡率，因此在蛋鸡产蛋后期，护肝成为饲喂关键考虑的环节。添加胆汁酸一是促进脂肪的乳化、消化、吸收，控制脂肪肝的生成；二是调节肝内脂质代谢，促进肝内脂肪代谢。此外，胆康宁胆汁酸可以促进胆汁分泌，消除胆汁淤积，畅通胆道，结合、分解内毒素，这些作用对于解决蛋鸡肝脏问题非常有效。对于出现严重肝问题的蛋鸡，还要配合"卵磷泰"治疗。同时配合"优力钙"饮水，在补充钙质调理肠道的同时，为机体提供了全面的保健效果，可以有效缓解氧化应激，提高免疫力，同时补钙护肠，增强蛋壳质量，改善蛋壳品质。

（四）饮水管理

水是维持蛋鸡正常生产的重要营养物质，蛋鸡在产蛋高峰期需要大量的水来保持良好的体内环境，促进新鲜蛋的形成。此外，蛋鸡产蛋时会产生大量的热量，需要通过饮水来散热，保持体温平衡。在蛋鸡产蛋期间其摄入量应保持在采食量的 2 倍以上，一般每天每只 200~230mL。

为了确保蛋鸡在产蛋高峰期的饮水需求得到满足，养殖户应定期清洁和更换饮水器，并保持饮水器中的水质清洁卫生。同时，养殖户也应确保蛋鸡随时都能够方便地获得清洁的饮用水，以满足它们不断增加的饮水需求。确保蛋鸡在产蛋高峰期有充足的饮水是保障蛋鸡健康和生产的重要保障。

三、管理措施

（一）产蛋前期的饲养管理

1. 转群与消毒

当蛋鸡长至 16 周龄，并且体重达标时，需要转群。工作人员可在转群之前的 3~5d，将产蛋鸡舍、笼具、设备等进行全面彻底地清洁、消毒，消毒方式可参照鸡雏进舍前的"喷雾+熏蒸"的方式，确保鸡舍的环境卫生过关，不会诱发鸡群健康问题。进入转群鸡舍后代表蛋鸡进入产蛋前期，这是蛋鸡产蛋开始前准备的关键时期，转群前后的这一阶段，应尽量减少外界环境对鸡群的打扰和刺激，同时保证合适的饲养密度，防止鸡群因过于拥挤而发生打斗，导致产蛋质量下降的情况。

2. 环境管理

蛋鸡产蛋前期需要一个适宜的生活环境，包括适宜的温度、光照和通风。适当的温度和光照可以刺激蛋鸡的产蛋欲望，并且有利于促进卵巢的发育和产蛋质量。产蛋前期蛋鸡良好的健康状态是后期高产蛋率的保障，在这一时期应加强养殖场的生物安全防控管理，防止病原微生物在养殖场内传播、繁殖，特别需要加强对各种疾病的防控工作，要定期对蛋鸡进行健康检查，及时发现和处理疾病，确保蛋鸡处于良好的健康状态。

（二）产蛋高峰期的饲养管理

蛋鸡一般在 24~28 周龄达到产蛋高峰期，在这期间产蛋率会达到 90% 以上，这一阶段应细化鸡舍内的环境管理，实时调整鸡舍内的温度、湿度、光照以及通风情况，以确保给蛋鸡提供一个舒适的生活环境，发挥出最佳的产蛋性能。产蛋期蛋鸡舍的环境温度最好控制在 15~23℃，相对湿度保持在 60%~70%，避免因温度过高或者过低导致蛋鸡出现热应激和冷应激，诱发疾病。在产蛋高峰期，光照情况是影响蛋鸡产蛋情况的关键性因素，在这一阶段自然光不够，需要采取人工补光的形式，确保光照时间每天保持 16h 以上。这一时期的光照强度应达到 20lx，光源可保持在距离地面 1.8~2.0m 高的地方，灯之间的间距控制在 2.5~3.0m，照明灯的功率可选择 40W。此外，蛋鸡产蛋高峰期机体的新陈代谢比较旺盛，排出的气体较多，同时对氧气的需求量也较高，因此需要注意鸡舍的通风管理，可安装相应的气体浓度监测装置，避免鸡舍内有害气体浓度过高，导致蛋鸡产蛋量降低。

（三）产蛋后期的饲养管理

产蛋后期需要及时调整蛋鸡群的结构，工作人员可通过日常观察，将鸡群中的病鸡、弱鸡挑出，及时地进行淘汰处理，工作人员可重点观察蛋鸡的外观特征，如有羽毛蓬乱、无光泽、干燥、羽毛脱落的，可判定为病鸡、弱鸡进行淘汰，也可以通过观察蛋鸡的鸡冠、皮肤和排便情况，判断蛋鸡是否健康，同时将蛋鸡产蛋性能迅速下降，且恢复情况不良的蛋鸡及时淘汰，以降低饲料成本，确保整个鸡群良好的生产性能。产蛋后期蛋鸡的淘汰工作通常每2~4周进行1次。

四、适时更换饲料

（一）饲料种类

当前蛋鸡用饲料可分为粉状饲料和颗粒状饲料，其中粉状饲料又可以分为生干粉和熟干粉饲料两种，均需要将饲料原料粉碎，混合，这样生产的饲料质地较为均匀，有利于其在蛋鸡胃肠道内与消化酶和微生物充分地接触，在蛋鸡消化道内完全消化，提高饲料的消化利用率。

颗粒饲料则是先将各种饲料原料混合后，再进行粉碎加工处理成颗粒状，这种饲料的密度大、体积小，并且具有良好的适口性，其在蛋鸡胃肠道停留的时间较短，导致饲料中的营养物质不能被完全吸收，进而增加蛋鸡的采食量，过多的能量会造成蛋鸡脂肪的过度堆积，影响其繁殖性能，导致产蛋率下降40%。同时颗粒饲料的生产加工过程较为复杂，也直接增加饲料的加工成本。

（二）适时合理更换饲料

更换饲料对蛋鸡产蛋期间的饲养非常重要，科学合理地更换饲料可以保证蛋鸡的营养需求得到满足，促进蛋的产量和质量。当更换饲料时，应采用逐渐过渡的原则，而不是突然更换。逐渐混合新旧饲料，逐渐增加新饲料的比例，通常需要7~10d完成过渡，这样可以减少蛋鸡对新饲料的不适应反应。根据需要调整饲料配方，蛋鸡在产蛋期间需要更高能量和蛋白质的饲料，因此要根据蛋鸡的产蛋阶段和需要做出相应的饲料配方调整，以满足蛋鸡的营养需求。监测饲料摄入和产蛋情况，在更换饲料后，需要密切观察蛋鸡的饲料摄入情况和产蛋情况，确保新饲料能够满足蛋鸡的营养需求和促进产蛋。此外，还须根据蛋鸡的体重、产蛋量和饲料品质进行合理地饲料配给，确保蛋鸡获得足够的营养，但又避免浪费，如此确保蛋鸡的生产性能和健康。

第六章

饲料配方优化及饲料添加剂的使用

第一节　动态配方精准营养

一、精准营养与动态配方的概念

在现代养殖业中，精准营养与动态配方已成为热议的话题。似乎不提及这两者，就无法谈论营养学的新进展。在笔者看来，精准营养更像是战略层面的决策，它决定了我们向哪个方向努力，为鸡群提供何种营养。而动态配方则更偏向于战术层面，它负责如何更有效地实现这些营养目标。当有了明确的战略方向后，结合动态配方的调整能力，鸡群的营养状况将逐渐改善，其生产效率和健康状况也会得到显著提升。因此，战略的重要性不言而喻。在营养设计方面，虽然许多人都了解战术层面的知识，但真正重要的是如何为鸡群确定合适的营养目标和方向。以脂肪肝为例，关于其成因存在多种观点，如能量过高、油脂过多、能量与蛋白质比例不合适、蛋白质过剩或胆碱缺乏等，确定真正的原因需要战略定位，只有明确了方向，战术调整才能发挥真正的价值。否则，我们可能会在错误的道路上越走越远。动态配方正是基于这种战略定位而进行的战术调整。它要求根据不同鸡群、不同阶段、不同环境以及不同的健康状况，甚至鸡蛋的销售模式，有针对性地设计符合当前鸡群需求的配方。这样，鸡群在保持健康的同时，能够充分发挥其生产能力，从而实现鸡场收益的最大化。随着养殖业的不断发展，品种的改良以及营养和管理方法的进步都显得尤为重要。这正如我们穿衣服一样，从最初的防寒保暖，到后来的追求美观大方，这种变化体现了人们对生活质量的不懈追求。同样地，在养鸡过程中，我们也不再仅仅满足于让鸡活下去、长大并产蛋，而是希望它们能够更健康、更高效地生产。因此，精准营养与动态配方在养殖业中的应用，正是为了满足这一需求。它们为我们提供了一种全新的视角和方法，让我们能够更科学、更高效地管理鸡群，从而实现养殖业的可持续发展。产出高品质鸡蛋，满足人类营养需求，同时确保无毒无抗，是一项至关重要的任务。为了实现这一目标，我们提出了一种切实可行的方案——采用动态配方的精准营养策略。这种策略能够充分挖掘蛋鸡的生产潜能，提高养殖效益，为养鸡业带来革命性的变革。事实上，对于蛋鸡营养方案的研究，几乎所有配方师都深知动态配方的重要性。

一个简单的例子是，商品预混料的外包装袋上通常会将配方分为高峰期和高峰后期，这恰恰体现了动态配方的理念。

然而，仅仅依靠这种简单的划分来解决精准营养问题，显然是远远不够的。这种划分方式类似于将衣服简单地分为男式和女式，远远不能满足人们对穿衣美观合体的需求。商品预混料厂家面临着一个巨大的挑战，那就是如何为全国不同地域、不同品种、不同产蛋阶段的鸡实现动态配方。由于工厂化大批量生产的限制，这一任务变得异常艰巨。

因此，几乎所有的预混料，包括全价料，都会存在或多或少的漏洞。即便营养在某个品种某个时间段内看似没有问题，也会因为原料、环境、鸡群健康状态的变化而发生改变。日龄的增加，蛋白氨基酸的需要量会逐步递减，能量需求也会发生变化。此外，机体消化吸收能力和饲料消化吸收率的变化也会导致实际结果与预期出现偏差。

因此，我们在参考营养手册上的数据时，必须保持谨慎和灵活。这些数据可以作为参考和借鉴，但绝不能作为不可动摇的标准。要真正把鸡养好，实现真正的精准营养，我们必须根据现场实际情况来确定配方的修正方向。这意味着我们需要测鸡配料，一场一方，一群一策，随时监控鸡群的变化并及时采取相应措施。只有这样，我们才能真正实现动态配方，达到精准营养的目标。

二、动态饲料营养的设计需要综合考虑四重因素

首先，我们需要确保饲料中的营养成分能够满足鸡只在不同生长阶段的需求。这包括能量、蛋白质、氨基酸、矿物质和维生素等各种营养成分的合理搭配和平衡。

其次，我们需要考虑饲料的消化吸收率。不同品种的鸡对饲料的消化吸收能力有所差异，因此我们需要选择适合鸡只消化吸收的饲料原料和配方。

同时，饲料的适口性也非常重要，它直接影响鸡只的采食量和生长速度。

最后，我们还需要关注饲料的安全性。确保饲料中不含有毒有害物质，避免对鸡只和人类健康造成潜在威胁。

综上，要实现高品质鸡蛋的产出需要我们在多个方面做出努力。通过采用动态配方的精准营养策略，我们可以充分挖掘蛋鸡的生产潜能并提高养殖效益。同时，我们还需要综合考虑饲料的营养成分、消化吸收率、适口性和安全性等因素，确保饲料的质量和安全性。

这些努力将为养鸡业的可持续发展和人类健康作出重要贡献。在养鸡业中，确保鸡只的基本营养是至关重要的，这如同建筑稳固的地基，为鸡只的健康成长奠定坚实基础。

为了满足这一需求，我们需要注重饲料的营养配比，确保鸡只能够摄取到充足且均衡的营养。然而，仅仅满足基本营养并不够，我们还需要促进鸡只对营养的吸收和消化。因为无论营养含量多高，如果鸡只无法有效吸收，那么这些营养都将白白浪费。因此，在饲料的选择上，我们应注重其易消化性和吸收性，确保鸡只能够充分利用这些营养。此外，我们还需要关注营养的转化效率。毕竟，转化的效果才是我们最终的追求。只有营养被有效转化，才能提高鸡只的生产性能，实现理想的料蛋比。因此，在养鸡过程中，我们需要不断优化饲料配方，提高营养的转化效率。

三、鸡群健康的重要性

当然，高产的蛋鸡离不开鸡群的健康。为了确保鸡只的健康，我们需要注重抗病营养和保健营养的摄入。抗病营养是指通过营养手段提高鸡只的免疫力，增强其对疾病的防御和抵抗能力。这样不仅可以减少药物的使用，降低对环境的破坏，还能提高鸡只的生产性能。营养是一切生命活动的物质基础。它不仅影响着鸡只的生产潜力和效率，还决定着鸡只的健康状况。因此，我们应强调健康饮食的重要性，为鸡只提供全面均衡的营养，确保它们能够健康成长。

有些鸡场总是毛病不断，这往往与前期培育不足有关。产蛋后的成绩很大程度上取决于产蛋之前的培育工作。前期培育不仅包括体重、胫长等外观指标的控制，还需要关注内脏器官的发育和健康。只有体重达标且内脏器官发育良好的鸡群，才能拥有更强的抗病力，更好地应对各种应激和疾病挑战。因此，在养鸡过程中，我们需要注重营养和管理的全面性和协调性。任何一个环节的疏漏都可能导致鸡只抗病力出现问题。为了解决问题，我们必须找到短板根源，从源头上加以改进和优化。只有这样，我们才能养出健康、高产的蛋鸡，为养鸡业的可持续发展作出贡献。

在鸡场的运营管理中，各个环节的协调与配合同样可以借鉴木桶原理进行解读。这个原理，又称为"木桶效应"，其核心在于强调任何一个环节的失误都可能导致整体效能的下降。正如一块短板会限制木桶的容量，养鸡过程中的任何一个环节出现问题，都可能对整个养殖过程产生持续的不良影响。为了更形象地理解木桶原理，我们可以想象一下传统的木制水桶。这种水桶是由一片片竹片或木片编织而成，只有当所有的竹片都保持相同的高度，水桶才能盛满水。水位的高低总是与最矮的那片竹片保持一致，即最短的那一片决定了整个木桶的容量。即使其他竹片再高，也无法改变这一事实。这就是木桶原理的实质。

在养鸡的过程中，这个原理同样适用。无论我们在鸡苗选择、环境控制、饲料管理、数据化精细管理，还是疫病防控等任何一个环节出现疏忽，都可能成为那个"短板"，影响整个养殖过程的成功。

我曾分享过养殖五大环节的理念，这五大环节分别是：选购质量上乘的鸡苗，提供适宜的生长环境和营养均衡的饲料，实施精细化的数据管理，以及确保有效的疫病防控措施。

对于规模化养殖场来说，还需要构建符合自身发展的企业文化，这构成了我们常说的"六环养殖模式"。养鸡是一个系统工程，每一个环节都至关重要，缺一不可。这五大环节，每一个都应作为鸡场发展中的规范化方案来执行。任何一个环节的失误，都可能导致整个木桶出现短板和漏洞，从而影响鸡群的健康和产能，最终将体现在经济效益和可持续发展能力上。在当前的养殖实践中，营养和管理上的不足是最常见的问题，其次是疫病防控，再次是鸡苗的选择。营养管理包括饮水和饲料质量，我们必须确保饲料的卫生和营养均衡，每一个营养理念都需要有理有据，有针对性，以满足现场的实际需求为导向，而非仅仅依赖于理论计算。对于几乎所有棘手的问题，其核心往往源于营养和管理两方面。营养，作为首要因素，必须得到我们的深刻理解与重视。若营养摄入不足，同时环境管理也未能到位，两者相互叠加，将加剧各种不良后果。在此时，试图纠正错误可能会使我们迷失方向，难以判断问题究竟源于饮食、饮水，还是空气质量。

当我们面临免疫力低下的问题时，只要在营养和管理上做得足够好，鸡的非特异性免疫能力就能得到增强，鸡的抵抗力也会相应提高。疫苗所带来的特异性免疫反应也将得到加强。没有健康的身体，免疫力无从谈起。一个非特异性免疫能力较弱的鸡群，我们不能期待其特异性免疫能力会有多强，即使疫苗再高效，也无法弥补营养不良所带来的缺陷。

同样，再好的兽药也无法完全弥补疫苗的漏洞，再好的疫苗也无法完全弥补管理的漏洞，而再好的管理也无法完全弥补营养的漏洞。如果自家的鸡群问题频发，问题复杂，那么首先应在营养上寻找漏洞。无论问题是由卫生问题还是营养不均衡引起，我们都应从这个角度入手。不要随意采取提高免疫力的措施，或者寻求捷径。如果不解决根源问题，问题将永远无法得到根本解决。

这正如我经常强调的一个理念，产蛋量主要取决于两点：一是体重（包括体能储备），二是内脏器官的工作能力。我们无须关注其他因素。从预产期开始，一个体重发育不达标的鸡，其内脏器官的工作能力也不会太优秀。首先，在众多导致体重不达标的原因中，能量不足和蛋白质过高是最致命的。它对鸡的伤害程度和影响范围远远超过其他几个原因。它带来的伤害不仅是肝肾负担过大，还包括众多系统的损伤。其次是霉菌毒素，它与能量不足和蛋白质过高可以被认为是并列的主要原因。

这两个原因是大多数鸡场问题的根源，也被称为"底色病"。了解了这个源头，当再次遇到问题时，我们就能更有针对性地寻找解决方案。在深入研究并理解问题的本质后，我们发现，尽管一次性解决所有问题可能并不现实，但只要我们能够找到并处理问题的根源，那么问题的复杂性就会随之消解，剩下的挑战也会逐渐变得简单。

四、养殖业的实践问题——如何精准调配饲料以满足鸡只的营养需求

在养鸡生产中，造蛋成本是一个至关重要的指标，它综合考量了饲料成本、采食量和日平均产蛋量等因素。为了有效地控制造蛋成本，调控饲料营养成为关键。合理的饲料营养不仅能避免浪费，还能提升鸡只的健康状况和生产性能。若提供的营养低于蛋鸡的实际需求，虽然短期内看似降低了成本，但长期来看，鸡群的生产性能会下降，抗病能力也会减弱。反之，若营养过剩，不仅会增加造蛋成本，还可能对鸡只的健康产生不利影响。

因此，我们需要根据鸡只的实际需求，精确调配饲料，实现营养供给与需求的平衡。这种精准调配饲料的做法，类似于农民在种植庄稼时进行的测土施肥，都是为了提高产量和质量。在养殖业中，我们称之为"测鸡配料"。它要求我们对养殖过程中的每个细节都了如指掌，明确方向，落实责任，无论是管理还是营养供给，都需要精准施策。其中就包括能量与蛋白的比例，能蛋比对于鸡群的高峰产蛋率、产蛋高峰期持续时间以及鸡只的体质和产蛋稳定性具有重要影响。俗

话说，"能量决定产蛋率，蛋白决定蛋重"。尽管还有其他因素会影响最终的结果，但能量和蛋白无疑是其中最为关键的两项。它们为鸡只提供了基础框架，而其他的营养成分则在此基础上进行填充和优化。例如，氨基酸的添加量和比例，都是为了提高蛋白质的消化吸收率，使其更加完美，包括酶制剂的科学应用。值得注意的是，产蛋期饲料的能量浓度对采食量和料蛋比有着直接的影响，而并非体重。因此，在调配饲料时，我们需要充分考虑这一因素，确保饲料能够满足鸡只在不同生长阶段的需求。

在探讨鸡群体重增速的问题时，我们须关注能蛋比与鸡群消化吸收能力的关系。事实上，体重增速并非完全依赖于营养浓度，而是与鸡群的实际摄食能力密切相关。当采食量较低时，需提高营养浓度，同时保持能蛋比的稳定。能蛋比低，意味着能量相对于蛋白质供应不足。在产蛋期，能蛋比越低，鸡群的体重发育状况越差。体重与能量摄入成正比，而与蛋白质摄入成反比。因此，在产蛋期间，当能蛋比维持在一个可调控的范围内时，若能量供应不足而蛋白质过剩，鸡体会被迫动用体脂来弥补能量缺口，导致体重下降。若能量摄入状况未得到改善，体重将持续下降，进而影响蛋重和产蛋率。

值得注意的是，过多的蛋白质摄入会导致大量尿酸盐排出。随着蛋白质摄入量的进一步增加，能蛋比进入更危险的区间，蛋白质将转化为脂肪储备。此时，虽然体重看似未降低，甚至可能出现营养偏高、体重偏大的假象，但实际上这部分脂肪的利用效率并不高。更重要的是，高脂肪摄入是引发脂肪肝的主要原因，至少有50%的肝脏问题源于此。相比之下，由能量过高引起的问题占比并不高。在这种饲养方式下，鸡群体重虽然大，但产量却不尽如人意。

在评估鸡群体能储备和健康状况时，蛋形指数成为一个实用的参考指标。通过蛋形指数，我们可以判断鸡只的肥瘦状况以及鸡群整体的体能储备情况。蛋形指数是指鸡蛋的粗度与长度之比，尽管有资料介绍为长度与粗度之比，但原理相同。这一指数为我们提供了一种非侵入性的评估方法，有助于我们更准确地了解鸡群的营养状况和健康状况。

"能量决定产蛋率"意味着为了维持鸡的产蛋性能，必须确保它们获得足够的能量。只有鸡摄入的能量达到或超过其最低营养需求时，它们才能保持稳定的产蛋率。在群体中，具备持续产蛋能力的鸡只越多，整体的产蛋率就越高，且高峰期也会相应延长。因此，当我们面对不同营养浓度和能蛋比的饲料时，必须谨慎控制饲喂量，以避免因能量不足而导致产蛋率下降。例如，如果一款饲料的能量为2 750kcal，而在采食量保持不变的情况下，将其替换为能量低于2 650kcal的日粮，将会导致鸡群产蛋量逐渐减少。这是因为能量不足会导致鸡的体能储备逐渐消耗，从而无法维持正常的产蛋甚至生命活动。

"蛋白决定蛋重"则强调了蛋白质在鸡产蛋过程中的重要性。蛋白质作为生产鸡蛋的主要原材料，其供应水平直接影响蛋重。当日粮中的能量水平达到要求时，鸡群便具备足够的产蛋动力。此时，如果蛋白质供应不足，鸡群虽然可能保持一定的体重，但蛋重和产蛋率可能无法达到最佳状态。相反，如果蛋白质供应充足甚至过剩，虽然短期内可能会表现出较高的产蛋率（蛋重也可能不错），但这种状态难以持久。因为当鸡的体能储备不足以支撑其产蛋需求时，产蛋率将不可避免地下降。

综上，"能量决定产蛋率，蛋白决定蛋重"这一观点提醒我们在饲养过程中要合理搭配饲料中的能量和蛋白质成分，以确保鸡群能够保持稳定的产蛋性能并产出高质量的鸡蛋。

产出的蛋重较重，这背后的科学原理在于维持稳定的产蛋率和蛋重所需的营养平衡。要确保蛋鸡的生产效益，必须同时满足足够的蛋白质和能量摄入，并维持适当的能量与蛋白质比例。这种平衡对于保持产蛋水平的稳定至关重要，一旦失衡，产蛋率或蛋重可能会下降。提高饲料中的能量含量，有助于提高产蛋率；而增加蛋白质供应，则有助于提升蛋重。当这两者同时优化时，存在一个理想的平衡点，我们称之为"最佳效益配方"。

然而，这个平衡点并非固定不变，它受到蛋鸡品种、日龄以及生产目标等因素的影响，而是一个在一定范围内的最佳值。在这个范围内，鸡群的整体表现最佳，体质强健，体能储备充足，同时种鸡的受精率和孵化率也达到最佳状态。如果蛋白质摄入超过此范围，可能会以降低产蛋率为代价；反之，蛋白质摄入不足，则可能牺牲蛋重。过低的蛋白质摄入甚至可能导致生产能力无法达到最佳状态，从而影响整体生产效益。此外，这个最佳能量与蛋白质比例范围与蛋形指数之间也存在特定的关联。不同的能量与蛋白质比例会导致鸡蛋呈现出不同的蛋形指数。通过观察鸡蛋的形状，我们可以发现有的鸡蛋短而粗，有的则细长，这些都是蛋形指数的具体表现。

在大量试验的基础上，我们发现了能量与蛋白质比例与蛋形指数之间的最佳范围。这意味着我们可以通过调整饲料配方，优化能量与蛋白质的比例，来控制蛋形指数，从而达到最佳的生产效益。然而，如何将这些理论知识应用于实际的养鸡生产中，则需要结合丰富的实践经验和专业的软件工具。通过采集和分析鸡蛋的蛋形指数和蛋重数据，我们可以判断鸡群在特定阶段内的均匀度以及饲料搅拌的均匀度。这些数据为我们提供了宝贵的反馈，帮助我们调整饲料配方和管理策略，以实现最佳的养鸡效益。关于当前饲料调配的考量，我们应深入探究能量与蛋白质的平衡点，以明确是否需要对蛋重进行调整。

这涉及能量与蛋白质的均衡、氨基酸的比例，以及整体生产管理的指导原则。我们需要清晰地掌握鸡群的体能状况，评估其肥瘦程度，并密切关注是否存在体质下滑或产蛋波动等问题。为了更准确地了解鸡群状况，我们提出以下采集方案：在每个选定的点采集 30 个样本，并确保下次采集时仍在此处进行，以便于对比分析。根据鸡舍的长度，我们可以选择 2~3 个，甚至 4 个对比点，以增加数据的全面性和准确性。

蛋形指数等数据为我们提供了宝贵的指导建议。通过对这些数据的分析，我们可以调整玉米和豆粕的用量，以及提出其他需要注意的事项，如搅拌的均匀度、喂料的均匀度、鸡群的均匀度以及防病措施等。我们的目标是让鸡群保持健康、高产且优质，确保鸡群拥有最佳的体质和体能储备。我们的长远目标是实现 90% 的产蛋率持续 12 个月，并在 700d 内达到产 500 个鸡蛋的目标。此外，我们还需要关注哪些数据范围可能导致脱肛、脂肪沉积过多或产蛋性能不稳定等问题。

蛋形指数软件能够帮助我们快速判断鸡群的状态，及时发现问题并采取相应的解决措施。

营养校正器的使用也能够帮助我们纠正饲料中的营养偏差，设计更符合鸡群需求的饲料配方。

值得注意的是，任何导致体重下降的因素都可能影响蛋重。体重严重低于标准将会对蛋重和产蛋率产生负面影响。因此，我们需要密切关注鸡群的体重变化，并采取相应措施进行调整。

综上所述，通过科学的饲养管理和营养调整，我们可以确保鸡群保持最佳状态，实现高产、优质、健康的目标。

基于蛋形指数提供的数据，制定有针对性的饲料配方是未来不可或缺的技能。若不了解鸡群的具体状态及动态变化，所制定的饲料配方将缺乏明确的方向。即使配方偶然成功，也仅仅是运气使然，这种运气未必会持续。

五、以海兰褐料蛋比 2∶1 为例的饲料配方设计思路

近年蛋鸡养殖规模趋于大型化，品种呈现多样化，在此趋势下自配料比例有所增加，如何设计适合本场的饲料配方是自配料成功的第一步。借助配方软件设计配方时简单方便，它有原料库、品种标准，可以自动运算出需要的配方。如果没有软件，我们也可以手动计算配方，相较配方软件多了一个数字计算的过程。无论是配方软件，还是手工计算饲料配方，都要遵循一些基本的设计原则和纠正原则。我们以产蛋期褐壳商品蛋鸡为例，看一下料蛋比 2∶1 的饲料配方是如何设计出来的。

配方设计原则和步骤如下。

根据产品的使用对象，确定饲料的基本营养参数，再根据自己的原料情况、市场特殊要求等因素选择原料。

第一步，确定蛋鸡的日采食量和预期料蛋比，蛋鸡的采食量由蛋鸡每日需要的能量决定，采食量是蛋鸡料设计的基础，所有营养素的

添加量都要基于采食量。

1. 料蛋比 2. 0∶1 配方，采食量计算

假设高峰期产蛋率 94%，平均蛋重 58. 5g/枚，每只鸡日均产蛋 55g，按料蛋比 2∶1 计算，这批鸡的日采食量为 55×2. 0＝110g/只，如果预期日均单产 60g，那么采食量就要达到 120g（同样道理设计料蛋比 1. 9∶1，我们把日采食量定为 105g 就可以，采食量的设计是为了调整蛋白、氨基酸、钙、磷、钠、氯的需要，不能作为调整能量的需要），蛋鸡产蛋期生产性能表见表 6-1。

表 6-1　蛋鸡产蛋期生产性能

周龄	饲养日产蛋率 (%)	累积饲养日产蛋数	累积入舍鸡产蛋数	累积死淘率 (%)	体重 (kg)	饮水量 [mL/ (d·只)]	采食量 [g/ (d·只)]	累积入舍鸡产蛋总重 (kg)	平均蛋重 (g)
18	1. 1~7. 7	0. 1~0. 5	0. 1~0. 5	0. 05	1. 55~1. 67	110~176	73~88	—	46. 5
19	8. 2~27. 1	0. 7~2. 4	0. 7~2. 4	0. 08	1. 62~1. 74	127~188	85~94	0. 1	49. 3
20	30. 8~57. 3	2. 8~6. 4	2. 8~6. 4	0. 13	1. 68~1. 80	135~197	90~99	0. 2	51. 6
21	61. 4~80. 5	7. 1~12. 1	7. 1~12. 1	0. 20	1. 73~1. 85	142~205	95~103	0. 5	53. 5
22	82. 4~90. 6	12. 9~18. 4	12. 8~18. 4	0. 27	1. 77~1. 89	148~215	99~107	0. 8	55. 0
23	90. 6~94. 1	19. 2~25. 0	19. 2~25. 0	0. 34	1. 80~1. 92	154~222	102~111	1. 2	56. 4
24	53. 2~95. 5	25. 7~31. 7	25. 7~31. 6	0. 40	1. 82~1. 95	159~228	106~114	1. 6	57. 5
25	94. 2~96. 2	32. 3~38. 4	32. 2~38. 3	0. 46	1. 84~1. 98	162~230	108~115	2. 0	58. 4
26	94. 6~96. 4	39. 0~45. 2	38. 8~45. 0	0. 50	1. 86~2. 00	163~231	109~116	2. 4	59. 2
27	94. 8~96. 6	45. 6~51. 9	45. 4~51. 8	0. 55	1. 88~2. 01	164~232	109~116	2. 8	59. 9
28	94. 8~96. 6	52. 2~58. 7	52. 0~58. 5	0. 61	1. 89~2. 03	164~233	109~116	3. 2	60. 4
29	94. 8~96. 6	58. 9~65. 5	58. 6~65. 2	0. 66	1. 90~2. 04	164~233	109~117	3. 6	60. 9
30	94. 8~96. 6	65. 5~72. 2	65. 2~71. 9	0. 71	1. 91~2. 05	164~233	109~117	4. 0	61. 3
31	94. 7~96. 5	72. 1~79. 0	71. 8~78. 6	0. 76	1. 92~2. 06	164~233	109~117	4. 4	61. 7
32	94. 6~96. 5	78. 8~85. 7	78. 4~85. 3	0. 80	1. 93~2. 07	164~234	109~117	4. 8	62. 0
33	94. 6~96. 3	85. 4~92. 5	84. 9~92. 0	0. 86	1. 93~2. 07	164~233	109~117	5. 2	62. 3

（续表）

周龄	饲养日产蛋率（%）	累积饲养日产蛋数	累积入舍鸡产蛋数	累积死淘率（%）	体重（kg）	饮水量[mL/（d·只）]	采食量[g/（d·只）]	累积入舍鸡产蛋总重（kg）	平均蛋重（g）
34	94.4~96.1	92.0~99.2	91.5~98.7	0.92	1.94~2.08	164~233	109~117	5.6	62.5
35	94.2~96.0	98.6~105.9	98.0~105.3	0.97	1.94~2.08	163~233	109~117	6.0	62.7
36	94.0~95.8	105.2~112.6	104.5~111.9	1.02	1.95~2.08	163~233	109~116	6.4	62.9
37	93.7~95.7	111.7~119.3	111.0~118.6	1.08	1.95~2.09	163~233	109~116	6.9	63.1
38	93.5~95.5	118.3~126.0	117.5~125.2	1.12	1.95~2.09	163~232	109~116	7.3	63.2
39	93.3~95.3	124.8~132.7	123.9~131.8	1.18	1.95~2.09	163~232	109~116	7.7	63.3
40	93.1~95.0	131.3~139.3	130.4~138.3	1.24	1.95~2.09	163~232	108~116	8.1	63.4
41	92.8~94.9	137.8~146.0	136.8~144.9	1.30	1.96~2.09	163~232	108~116	8.5	63.5
42	92.5~94.6	144.3~152.6	143.2~151.4	1.35	1.96~2.10	163~232	108~116	8.9	63.6
43	92.1~94.4	150.8~159.2	149.5~157.9	1.41	1.96~2.10	163~232	108~116	9.3	63.7
44	91.8~94.1	157.2~165.8	155.9~164.4	1.47	1.96~2.10	163~232	108~116	9.7	63.8
45	91.5~93.8	163.6~172.3	162.2~170.9	1.52	1.96~2.10	163~232	108~116	10.1	63.9
46	91.2~93.5	170.0~178.9	168.4~177.3	1.59	1.96~2.10	163~232	108~116	10.5	63.9
47	90.9~93.3	176.3~185.4	174.7~183.8	1.64	1.96~2.10	163~232	108~116	10.9	64.0
48	90.7~93.1	182.7~191.9	181.0~190.2	1.70	1.96~2.10	163~232	108~116	11.4	64.0
49	90.4~92.8	189.0~198.4	187.2~196.5	1.76	1.96~2.10	163~232	108~116	11.8	64.1
50	90.0~92.7	195.3~204.9	193.4~202.9	1.83	1.96~2.10	163~232	108~116	12.2	64.1
51	89.8~92.4	201.6~211.4	199.5~209.3	1.89	1.96~2.10	163~232	108~116	12.6	64.2
52	89.6~92.2	207.9~217.8	205.7~215.6	1.95	1.96~2.10	163~232	108~116	13.0	64.2
53	89.4~91.9	214.1~224.3	211.8~221.9	2.01	1.96~2.10	163~232	108~116	13.4	64.3
54	89.3~91.7	220.4~230.7	217.9~228.2	2.09	1.96~2.10	163~232	108~116	13.8	64.3
55	88.9~91.5	226.6~237.1	224.0~234.4	2.16	1.96~2.10	163~232	108~116	14.2	64.4
56	88.7~91.4	232.8~243.5	230.1~240.7	2.24	1.96~2.10	163~232	108~116	14.5	64.4
57	88.4~91.2	239.0~249.9	236.1~246.9	2.33	1.96~2.10	163~232	108~116	14.9	64.4
58	88.2~91.0	245.2~256.3	242.2~253.2	2.40	1.96~2.10	163~232	108~116	15.3	64.4

2. 料蛋比2.0∶1配方，每日能量需要量计算

舍温 21℃、平均体重 1.8kg，产蛋率 94%，平均蛋重 58.5g/枚，日增重 3g，褐壳蛋鸡每天总代谢能需要量约为 300~310kcal，不同季节代谢能有所差别，我们可以用能量公式计算。

ME［kJ/（只·日）］＝［W（140~2T）+2E+5ΔW］×4.186

式中 W 为体重（kg）；T 为温度；E 为平均蛋重（g）；ΔW 为每天的体增重（g）。

每日能量需要=基础需要+温差补偿需要+产蛋需要+日增重需要+羽毛缺失需要。蛋鸡能量公式如下。

ME［kJ/（枚·日）］＝［135+72（W-1.5）-2W（T-21）+2.2E+ΔW×5］×4.186

注：W 为蛋鸡当时体重（kg）；T 为平均环境温度（℃）；E 为单鸡蛋的重量（g）；ΔW 为平均增重（g）。

六、料蛋比2.0∶1配方（表6-2），饲料能量水平计算

表6-2 料蛋比2.0∶1配方饲料能量水平计算

项目	数量
能量（kJ/kg）	2 820
能量需要（kJ/d）	310
周龄（wk）	25
体重（kg）	1.8
产蛋率（%）	94
蛋重（g）	58.5
温度（℃）	21
日增重（g/d）	3

以 310kcal 为例，310kcal/110g×1 000＝2 820kcal（能量公式只是一个参考，实际的能量需要会受到品种、鸡舍温度、走箱走筐的鸡蛋销售模式等因素的影响，实际的更为准确的需求标准需要借助营养矫

正器）。

第二步，确定蛋鸡每日粗蛋白和氨基酸需要量，分为最大产蛋率设计、最大蛋重设计和最佳经济效益设计 3 种方式（以最佳经济效益配方设计为主）。

1. 确定每日粗蛋白需要量和饲料粗蛋白含量

根据海兰资料，建议高峰期每天每只鸡需要摄入 17.5~18.25g 粗蛋白。17.6g/110g = 16%，饲料粗蛋白含量要达到 16%，我们以 16% 为例进行下一步计算。

2. 根据氨基酸添加比例，先确定赖氨酸需要量

赖氨酸需要量按照蛋白质的 5%（最低比例是 4.6%，高产鸡群设计为≥5%，可利用赖氨酸为 4.5%），粗蛋白 16% 则赖氨酸的需要量为 0.8%，可利用赖氨酸 0.72%~0.75%，同时遵循可利用氨基酸及其平衡原理，就可以把蛋氨酸、蛋氨酸+胱氨酸、苏氨酸、色氨酸需要量确定下来，氨基酸添加比例见表 6-3。

表 6-3　氨基酸添加比例

鸡场营养师建议的氨基酸比例		
	比例	可利用比例	
赖氨酸	100	100	
蛋氨酸	50	50	蛋氨酸的最低值
蛋氨酸+胱氨酸	83~93	80~90	追求总产能，要适当提高蛋氨酸
苏氨酸	70~75	70~73	可应用于雏鸡阶段，老龄鸡应按最高比例添加，更有利于肠道健康和免疫力
色氨酸	20	18~20	

3. 按氨基酸及其平衡原理，确认其他氨基酸比例

蛋氨酸 0.4%；蛋氨酸+胱氨酸为 0.66%；苏氨酸为 0.56%；色氨酸 0.16%。

蛋氨酸+胱氨酸很难满足需要，可以适当使用羽毛粉，或者增加蛋氨酸，此时尽量使用可利用蛋氨酸+胱氨酸计算，数据更为准确和

节省成本：赖氨酸 0.75，蛋氨酸 0.38%，蛋氨酸+胱氨酸为 0.6%；苏氨酸为 0.52%；色氨酸 0.15%，现场数据显示，这个数据还能进一步降低，也一样能够高产。

第三步，确定每日钙、磷、钠、氯的需要量。

钙 4%；有效磷 0.4%；钠 0.18%；氯 0.18%；其他指标略。

第四步，根据以上营养素需要参数确定其他的配方参数及配方标准。

这里我们以常见的玉米豆粕型日粮为例子，实际生产中可以根据本场原料采购渠道，使用其他饼粕或发酵类饼粕。

1. 预留钙、磷、盐、氨基酸等成分的配方空间

先预留钙、磷、盐、氨基酸等成分的配方空间，即预混料部分，大概 2%~3%，设计配方时首先满足磷的需要量，再计算钙，磷源可以适宜选择使用磷酸氢钙、磷酸一二钙、骨制磷酸氢钙。

2. 确定豆粕、玉米和豆油的添加比例

在设计配方时，粗蛋白水平只要接近于标准即可，在满足精氨酸、缬氨酸、异亮氨酸等小品种氨基酸需要的情况下，以额外添加赖氨酸、蛋氨酸、苏氨酸、色氨酸来满足营养需要，其他的氨基酸没有必要考虑。

在养殖现场，可以借助蛋形指数软件判断蛋白质是否满足需要，蛋重符合要求就可以理解为蛋白质水平合格。另外影响蛋重的因素有很多，氨基酸平衡水平、酶制剂和肠道健康度对饲料消化吸收的影响、肝脏健康度对营养转化的影响、输卵管发育程度对蛋白质表达的影响等都是影响蛋重的因素。

3. 关于油脂类使用的重要提示

油脂类是能量来源，能降低饲料粉尘、促进脂溶性维生素的吸收，油脂还有提供脂肪酸营养等功效。鸡场营养师建议一定重视饲料能量水平和油脂类营养物质使用，需要特殊强调的是对蛋鸡而言，现在的饲料中磷脂普遍不足，适当补充更有利于脂肪的利用率，也能提高肝脏健康度和功能。

第五步，根据以上各参数，选择日粮的结构和加工参数以及料型

配合（生产饲料环节）。

配方纠偏原则如下。

蛋鸡是活体动物，其自身的体重、产蛋率、蛋重都是易变动指标，舍内温度指标也是不断变动的，特别是开放式鸡舍，所以一个配方设定后要根据以上指标的变动进行矫正。

1. 体重矫正

蛋鸡每提高 1kg 体重，代谢能需要提高 36kcal/d，还是以上文数据为例，体重 1.8kg 能量需要 310kcal，产蛋后期体重 2 000g 时，增加 200g 体重，需要 36×0.2=7.2kcal/d，即 7.2/2 820=3g/d，总采食量为 110+3=113g；即标准环境时采食量为 113g。

2. 环境矫正

我们是以 21℃ 为标准温度设计的营养需要，温度每升高或降低 1℃，每千克体重增减代谢能 2kcal/kg，适宜范围为 15～27℃，低于 15℃ 考虑环境改善，21～77℃ 属于夏季，高于 27℃ 属于盛夏或者伏天，其营养设计不同于前面的夏季，伏天除了营养外，还要考虑热应激。

3. 体况矫正

羽毛完整，遵循以上算法；羽毛稀少、缺失，代谢能需求增加。本文关于采食量计算、饲料能量蛋白质含量计算部分也适合于使用预混料的蛋鸡养殖场，大部分养殖场饲料大配方使用不合理，造成很大的浪费，科学配制饲料不仅具有经济意义，在粮食安全方面同样具有社会效益。如果使用预混料设计一个料蛋比 2.0 的配方，需要考虑预混料氨基酸、维生素、磷等营养物质的水平。

第二节　预混料的基本组成和设计思路

预混料是"添加剂预混合饲料"的简称，它是把各种微量元素、矿物元素、维生素、氨基酸、某些药物以及功能性产品等添加剂，与载体和稀释剂按要求配比，均匀混合后制成的中间型饲料产品。

一、预混料标签怎么看?

预混料是由维生素、微量元素、氨基酸、矿物质、载体、稀释剂组成,它是半成品,不能直接喂鸡。使用时需要添加玉米、豆粕、麸皮、石粉、豆油等原料做成全价料才可以使用。

预混料的标签主要提供了产品的说明及使用方案,2.5%产蛋期复合预混合饲料是商品通用名,在通用名下一行是厂家的生产许可证号及产品的备案执行标准。左侧上方是预混料的原料组成、成分及载体名称,下方是使用说明,标注了产品的使用对象、使用比例及注意事项。表6-4的推荐配方,就是介绍这个产品的具体用法。表格右侧文字及数值,是官网备案这个产品的成分保证值。

这是一个产蛋高峰期的饲料产品,产蛋高峰期建议配方见表6-4。

该配方适合粉壳蛋鸡,走箱品种。

表6-4 产蛋高峰期建议配方

玉米（g）	655
豆粕43（g）	210~225
石粉+石粒（g）	90.00
益能宝功能酶（g）	0.50
预混料（g）	25.00
豆油（g）	5.00
合计（kg）	1 000.5
能量（kcal/kg）	2 760
蛋白质%（±0.2）	15.12
这款饲料的能蛋比	182.5

大多标签中都有推荐配方，如果有更经济适合的原料替代或者特殊季节、特殊阶段，厂家也可以提供特殊的配方。最后标签上还要标注生产企业的名称、地址和联系信息。

有了预混料，有了根据不同品种、不同阶段的推荐配方，就可以做成全价饲料。预混料不能直接喂鸡，预混料是全价配合饲料的一种重要组分。

二、蛋鸡预混料的基本组成有哪些?

(一) 微量元素

微量元素不能少，分为普通微量元素、全有机微量元素、半有机微量元素，这几年以半有机和全有机被认可程度最高，微量元素是影响预混料效果排名第一的营养素，优质的微量元素除了提供蛋鸡所需营养外，在控制毒副作用上做得比较好，微量元素也有缓释型、包被型产品，随着生产工艺的逐渐成熟，可以使用这些产品。

(二) 多维素

影响预混料和现场效果的第二个营养素就是复合多维，市面上有蛋鸡专用多维和通用多维，专用多维效果更好（多维和微量元素可以并列第一）。不同配比和含量对维生素的影响非常大，即便是含量相同、不同质量的原料做成的维生素也有非常大的差别。添加量根据含量确定，比如冠山红 2 700 多维，正常添加 250~300g。

(三) 蛋氨酸

蛋氨酸是必需添加的成分，目前为止还没有发现能彻底替代的物质，蛋氨酸对动物机体的免疫功能有较大影响。在雏鸡日粮中添加足量的蛋氨酸，能明显改善雏鸡的免疫功能，增强抵抗力，降低死亡率。蛋氨酸是家禽饲料中的第一限制性氨基酸，在很大程度上影响免疫应答。蛋氨酸在动物体内可以转化为胱氨酸和半胱氨酸，并与胱氨酸、半胱氨酸一起对免疫调节具有重要作用。

我们常常把蛋氨酸和胱氨酸并到一起来设计配方，蛋氨酸可以转化为胱氨酸，根据营养标准、实际采食量和实际产能设计氨基酸的添加量，胱氨酸不足、蛋氨酸又偏低时，会出现掉毛、吃毛现象，产能和免疫力也会受到影响（国产和进口没有区别）。

（四）赖氨酸

一般来说，满足动物的赖氨酸需要可以促进动物生长，改善氨基酸平衡，提高饲料利用率，节约蛋白质资源，帮助提高夏季采食量。在实际蛋鸡饲养过程中，赖氨酸主要加快育雏育成鸡的体重增长，降低料重比，提高饲料转化效率，在产蛋后期保持体重稳定，提高鸡群免疫力。

目前市场有两种含量的赖氨酸，70%和98%，蛋鸡上使用一般以70%以主。适当增加赖氨酸的用量，有助于体重的维持，近几年也出现用量加大的趋势，也可以理解为赖氨酸影响产蛋率，蛋氨酸影响蛋重。

（五）苏氨酸、色氨酸

苏氨酸与免疫关系巨大。苏氨酸是 IgG 的第一限制性氨基酸，当其缺乏时，会导致免疫球蛋白水平降低。先用缺乏苏氨酸的日粮饲料喂小鸡，后将苏氨酸的含量提高至 0.7%，发现小鸡对新城疫病毒的抗体滴度直线上升，且获得最大生长速度。苏氨酸调整氨基酸平衡，促进蛋白质的合成和沉积，提高免疫力，对机体脂肪代谢有明显的影响，能促进磷脂合成和防止脂肪酸氧化。苏氨酸对于鸡群早期肠道黏膜发育有重要作用。它可以减少寄生虫（球虫以及厌氧菌）对肠道的破坏，促进肠道绒毛发育，减轻肠道紊乱，促进肠道免疫力的产生。

色氨酸，我把它理解为"情绪氨基酸"，它可以让鸡群心情舒畅，可以增强抗应激能力。色氨酸可促进骨髓 T 淋巴细胞前体分化为成熟的 T 淋巴细胞及影响 B 淋巴细胞分泌 IgG。近几年添加量呈逐年上升的趋势，雏鸡、产蛋爬坡期对氨基酸的需求量大，根据品种、阶段、采食量、配方要求，会增加苏氨酸和色氨酸的使用，氨基酸量足并且平衡时，可以适当降低蛋白 1.0%~1.5% 的比例（正常情况下，可利用赖氨酸与苏氨酸、色氨酸的比值，分别是赖氨酸100，苏氨酸70，色氨酸20即可，但是特殊情况，比如雏鸡，肠道不好的老鸡，都可以大力增加苏氨酸和色氨酸的比例，有助于提高免疫力和抗应激能力。

（六）缬氨酸、精氨酸

精氨酸对免疫器官的发育具有重要作用，能够促进胸腺的增大和T淋巴细胞的生成。缬氨酸是免疫球蛋白中含量最高的氨基酸，对免疫功能也具有重要作用。对雏鸡的相关研究表明，添加缬氨酸可提高新城疫抗体滴度。同时，添加缬氨酸和异亮氨酸可减轻亮氨酸过高导致的特异性抗原的抗体滴度降低。

缬氨酸是构成鸡Y球蛋白的主要成分。日粮中缬氨酸不足或缺乏时，鸡体内合成抗体的能力降低。而且随着日粮中缬氨酸水平的提高，肉鸡的生长速度加快，表明缬氨酸对鸡体液免疫有重要影响，高水平缬氨酸可增强鸡的免疫力，促进生长。还有其他种类的小品种氨基酸，比如亮氨酸、异亮氨酸、谷氨酸、甘氨酸、丝氨酸（提高蛋清黏稠度）。

氨基酸的平衡性影响蛋白质利用效率和动物体生产性能的发挥。对于蛋鸡来说，我们采用氨基酸平衡模式从本质上节约了蛋白原料（主要是豆粕）的用量，也降低了高豆粕添加量对肝肾代谢压力的影响。最重要的是，通过氨基酸平衡模式让鸡群的生产性能进一步发挥和提高，从而创造更高效益。我们想获得更好的产蛋周期，延长饲养周期至650~700d，鸡群必须有一定的产蛋率和低死淘率，这就要求鸡群必须有更好的抗病力和稳定性。其实，很多氨基酸是可以提高抵抗力的，每种限制性氨基酸都参与，形成合力，是氨基酸平衡模式的根基，例如苏氨酸、蛋氨酸、色氨酸都可以提高鸡群的抗体水平以及促进免疫器官发育。

用简单的一句话概括："一种氨基酸缺乏，相当于所有氨基酸都是过量的。一种氨基酸过量，相当于所有氨基酸都是缺乏的"，如果蛋氨酸充足但赖氨酸偏低，鸡群很难获得良好的体重增长，那么也势必会影响鸡群的开产日龄和高产耐受力，最终蛋重表现也不会好。氨基酸平衡见表6-5。

表 6-5 氨基酸平衡

当前配方的营养含量		营养需要	骨骼更健康
有效磷（%）	0.55	0.49	0.56
钙（%）	0.98	1.00	
钠（%）	0.18	0.18	
氯（%）	0.24	0.18	长得更快
可利用赖氨酸（%）	0.95	0.92	0.97
可利用蛋加胱（%）	0.73	0.70	0.74
可利用苏氨酸（%）	0.62	0.61	0.64
可利用色氨酸（%）	0.20	0.17	0.18

注：周尽喜抗病营养理念蛋鸡工作室

（七）磷酸氢钙一型，三型（即一二钙）

一个提供钙磷的常用原料，这个是必须添加的，常用的有矿质氢钙，一二钙，骨质氢钙，添加量 6~15kg/t 全价料，雏鸡青年鸡，爬坡期添加量较高（实践证明同样多的有效磷一二钙利用率最高）。根据品种的营养标准并结合实际发育情况进行添加量的设计，添加植酸酶后，可以适当降低氢钙的用量，根据周尽喜整理的现场数据表明，就抗病营养而言，磷的缺乏比较普遍，必须注意，尤其是小体型鸡更为明显。

（八）植酸酶

这是比较成熟的产品，不同的厂家会有差异，酶活有 5 000IU、1 万 IU、5 万 IU，最早 BASF 在中国推广植酸酶，后来植酸酶厂家越来越多，价格也很便宜。

适当增加植酸酶添加量，可以让饲料释放出更多的被植酸捆绑的营养，不只是磷，还有蛋白、氨基酸、维生素、矿物质，植酸酶被认为是能够挖掘营养潜力的酶制剂，不能过分依赖植酸酶，也没必要把它"妖魔化"，我们对于不同品种的磷的需要重新评定。

（九）食盐、小苏打

小苏打的使用与否各执一词，做法不一，有人认为没用还可能有副作用，有的说效果好，我个人建议可以少量添加，不超过1kg，有酸度大的饲料可以适当加量，替代30%的食盐就可以（2.8+1kg）。

（十）胆碱、甜菜碱

通常是氯化胆碱，含量有50%、60%和70%，是不可缺少的营养素，也有的预混料会使用一部分甜菜碱，很多人认为可以替代部分蛋氨酸，其实只是在提供甲基供体功能上相同，它们有各自的功能，不能简单地替代（甜菜碱含量有30%和98%，30%和胆碱按照1∶1比例就可以）。根据周进喜整理的现场数据发现，胆碱、甜菜碱也存在着过度使用的现象，对于脂肪利用率和蛋鸡产量而言，磷脂的作用好像更为强大和确切，这一点值得注意。

（十一）维生素C

维生素C是水溶性维生素，建议添加100~300g。它的作用是"夏抗热，冬防冷，一年四季能防病"。

（十二）维生素E

产蛋鸡额外添加50~100g维生素E，会带来很多的改善，比如生殖系统发育，抗应激能力，延缓衰老，保持活力，维生素E被称为生育酚。添加油脂越多，越需要考虑增加更多的维生素E。维生素E和硒一起常作为提高免疫力的黄金搭档来使用。

（十三）功能性产品

为了充分发挥饲料的营养价值，或者出于某种目的，饲料中会添加一些功能性添加剂，比如脱霉解毒剂、微生态、复合酶（酶作为必备品）。这类产品的使用也将成为常态，但是并不是每个厂家都加，添加的品种和剂量也不尽相同，其效果偏差也非常大。

近几年新型产品很多，有的确实能帮助鸡场提高效益和鸡群健康，可以根据需要确定是否使用，比如可以提高能量利用率的益能宝和新玉米酶，可以改善肠道健康、抑制霉菌和提高体内抗氧化能力的复合型酶制剂，还有可以改善蛋壳质量的甲酸钙等以及其复合产品等。

关于菌和酶，鸡场营养师周进喜认为，用于维护和治疗肠道健康时，要以菌为主、以酶为辅，这是站在肠道健康的基础上所做的方案。如果站在营养角度上，就要以酶制剂为主、菌为辅助。菌在完成最初的占位和有益菌为主导的菌群平衡后，只让它发挥出维护肠道健康和改善消化吸收功能即可，更多的消化吸收能力要借助酶来完成。

有资料显示，少量使用微生态产品时，有助于肠道健康和免疫力提升，过量使用微生态产品这一优势并不明显，甚至还表现出相反的结果，比如粪便正常的同时饲料转化率却降低，这个经验在超大用量使用普通的枯草芽孢杆菌时更为严重，而合理用量的丁酸梭菌并没有表现出这一不良反应。

（十四）抗氧化剂

抗氧化剂是为了保持预混料的保质期，建议使用，尤其夏季（值得注意的是，饲料抗氧化剂和体内抗氧化剂不是一回事，都要做好）。

（十五）载体和稀释剂

做成不同比例的预混料，会使用到载体稀释剂，载体必不可少，没有载体，预混料的稳定性就容易出问题，载体和稀释剂严格讲不是一回事。这些原料价格低廉，比如米糠、麦饭石、沸石粉等。

（十六）蛋白原料

市面上大比例的预混料，根据定位不同，有的添加一些动物性饲料，有的未添加。饲料中适当使用鱼粉和不使用鱼粉总体产能会有影响，如果成本可以接受，建议添加。

同样的配方、不同的原料，现场结果的差异化非常大。想自己做好预混料，我们还要学习和掌握不同品种、不同阶段、不同目的的配方设计，精准化的营养方案，一对一的健康方案，如何科学地使用一些功能性产品帮助提升效益等，都需要有经验的人员提供帮助，也可以用营养校正器来设计饲料配方，遇到特殊情况还要结合蛋形指数软件确定鸡群所处状态。

三、预混料成分多样，其中有没有轻重缓急

预混料有多种原料，按照一定比例配合组成。预混料中的成分可以分为两大类，有国家标准的产品，如几种氨基酸、氢钙、盐、小苏打、胆碱等；没有国家强制标准，但是要遵守行业标准和国家政策的，如维生素、微量元素、酶制剂、有益菌、脱霉解毒保肝产品。其中维生素、微量元素、酶制剂、微生态、脱霉解毒方案需要技术含量，也最关键（必须用好这个）。

四、使用营养矫正器设计配方的步骤

（1）首先选择并确定能买到的优质原料。

（2）根据品种、阶段、日龄、确定品种的营养需要量。

（3）把购买的原料品类和大致比例填写到"营养校正器"。

（4）根据原料特殊性、日龄特殊性，填写好酶制剂，如复合酶、植酸酶，还有某些特殊功能酶，酶制剂会改变能量和钙磷需要量，有必要先确定下来。

（5）确定了大方向，然后就可以确定饲料的能量、蛋白质，让它接近品种建议的营养需要，并根据推荐的能量蛋白比修正到最佳状态。

（6）确定了以上数据后，就可以开始填写氢钙、石粉、盐、小苏打、赖氨酸、蛋氨酸、苏氨酸、色氨酸等需要量，首先确定有效磷、钙、小苏打、盐、各类氨基酸，因为确定了磷，就确定了氢钙的量，才能进一步确定石粉的量，小苏打就按照≤1kg，钠氯的缺口用盐补充。多种氨基酸按照可利用的量设计，更为准确，蛋白不建议低于15%，设计含量太低，会引起非必需氨基酸缺乏，如异亮氨酸、缬氨酸，并且蛋白设计得太低，如果玉米品质又不太好，危险系数太高，风险太大。

（7）根据现阶段容易出现的问题和一些需要注意的地方，以及未来保健预防的需要，科学添加一些功能性产品，比如脱霉解毒剂、微生态、植物精油和一些抗应激产品等。以京粉一号35~65周营养

矫正器设计配方为例（见表6-6）。

表6-6 京粉一号35~65周营养矫正器设计配方 （g）

京粉一号35~65周		预混料	
		磷酸一二钙	9.00
原料	比例	氯化胆碱（60%）	0.50
玉米	649	甜菜碱30%	
豆粕43	231	食盐	3.00
石粉+石粒	95.0	小苏打	1.00
益能宝功能酶	0.5	赖氨酸70%	1.50
豆油	5.0	蛋氨酸99%	1.80
鱼粉（>60%）		苏氨酸	0.30
红壮美		色氨酸	
小麦（混）		植酸酶10000	0.20
麸皮		冠山红1700多维	0.40
		微量元素	1.00
		红壮美	
额外添加的氨基酸		蒙脱石	
预混料部分（见右侧）	19.7	甲酸钙	1.00
		磷酸一二钙	
以上总重量	1 000.5	元明粉	
	当前配方的营养含量		
能量（±30）	2 739	可利用蛋加胱	0.62
蛋白（±0.2）	15.25	可利用苏氨酸	0.52
钙（%）	3.83	可利用色氨酸	0.16
有效磷（%）	0.38	缬氨酸	0.75
蛋加胱	0.69	异亮氨酸	0.66
苏氨酸	0.60	精氨酸	1.00
可利用赖氨酸	0.76	钠（%）	0.17
这款饲料的能蛋比	179.62	氯（%）	0.22

第三节　巧用饲料能蛋比

蛋鸡的营养需求要掌握各项指标的平衡，其中能量和蛋白的比值——能蛋比就是重要的一点。

一、计算能蛋比的方法

（一）计算饲料中粗蛋白含量

把每一种饲料原料中的粗蛋白含量乘以这种原料的添加比例，计算出每一种原料提供的粗蛋白百分比，再相加求和就是这款饲料的粗蛋白含量。如豆粕中粗蛋白的含量是43%，豆粕的添加量是23%，那么在配制好的饲料中，豆粕提供的粗蛋白是43%×23%=9.89%。其他含粗蛋白原料，以此类推计算。

（二）计算每千克饲料能量值

计算粗蛋白的方法同样适用于计算饲料能量值。如玉米的蛋鸡代谢能是3 240kcal/kg，玉米的添加比例是63%，那么玉米提供的能量是3 240×63%=2 041kcal/kg。以此类推计算出每一种原料提供的能量，再相加求和。

（三）用每千克饲料的代谢能除以饲料中的粗蛋白含量数值，就是能蛋比

例如，每千克配制好的产蛋期饲料，粗蛋白含量是16%，而这款配制好的饲料禽代谢能为2 700kcal/kg，能蛋比则为2 700÷16=168.75。

二、重视能蛋比和能蛋比失衡的危害

（一）能蛋比

给蛋鸡提供的能量和蛋白，可以把它理解为，能量是生产的动力，蛋白是生产的原材料。当动力（能量）非常足而原材料（蛋白）不够时，鸡会表现为体重还不错，但是蛋重和产蛋率未必能达

到顶点。如果动力（能量）不足而原材料（蛋白）非常足，短期内它会表现好的产蛋率（蛋重短期内也许会不错），但是这样的好成绩往往不能长久。因为没有足够的动力，它只能耗用一部分体能储备来完成这个工作。但体能储备并不是无限的，当体能储备不可动用时，鸡就要停止产蛋。产蛋期饲料能蛋比的范围一般是 168～172（此数值只限于营养校正器），不同品种、日龄和追求的目标不同，这个比值也会有所不同。

（二）能蛋比失衡

顾名思义，能蛋比失衡是指能量和蛋白的比值超出相对安全的区域。

1. 能量高蛋白低的危害

鸡的采食量与饲料的能量密切相关，如果能量的比值超出正常范围，势必会降低蛋鸡的采食量，导致除能量以外的其他营养元素摄入不足。蛋白质摄入偏低会造成蛋重下降，钙摄入不足会降低蛋壳的质量乃至影响骨骼健康，呈现出薄壳蛋、软壳蛋、鸡只瘫痪等问题。维生素和矿物质长期摄入不足更为致命，鸡群会呈现各种维生素、矿物质缺乏症状，直至大规模伤亡。

另外，超出鸡体需求的能量会以脂肪的形式在鸡的肝脏、腹腔等组织器官内储存下来，造成鸡群出现脂肪肝等一系列问题。

2. 能量低蛋白高的危害

常见的能蛋比失衡是能量偏低、蛋白偏高。很多饲料配方为了追求高蛋重，往往降低能量或提高蛋白质的添加量，这样饲养出的鸡会有采食量偏高、蛋重上涨的表现。这种配方的弊端，除了采食量高造成饲养成本增加外，过量摄入的蛋白质会以氨基酸形式在肝脏内分解，含氮元素的部分拆分成尿酸盐，通过肝肾系统代谢出去，未及时代谢出体外的尿酸盐会在机体内沉积，形成痛风以及导致肝肾系统损伤。剩余的部分形成脂肪酸会在肝脏内和腹腔沉积而脂肪化。

3. 影响能蛋比的主要因素

（1）从营养物质供应端来看能蛋比

能蛋比只是根据饲料原料数据计算出来的理论值，实际值受原料质量、肝肠健康等因素影响。玉米是饲料中添加比例最高的成分，也是饲料能量主要来源，其质量对饲料能量值影响最大，而其质量受产地、品种、当年气候、收割到使用间隔时间等众多因素影响，是饲料原料中最不稳定的一个。下面以新玉米为例，说明原料质量对能量值的影响。

首先，新玉米水分含量高，影响代谢能。市场上销售的新玉米虽说都是经过晾晒或者烘干的，但水分多在15%，甚至17%。玉米水分每增加1%，代谢能减少约40kcal/kg。其次，新玉米抗性淀粉含量高，影响代谢能。抗性淀粉又称抗酶解淀粉、难消化淀粉，在小肠中不能被酶解。新玉米中存在着大量抗性淀粉，在动物体内不容易被消化吸收。陈玉米也有抗性淀粉，只是含量低，对消化吸收的影响没有新玉米大。采食抗性淀粉多的饲料，会出现不同程度的软便、腹泻，影响动物健康。烘干的新玉米，淀粉变性，直链淀粉增多，也影响消化率。因此，无论是新玉米还是陈玉米，添加"低温淀粉酶"，都对家禽健康和提高饲料能量值有积极作用。再次，新玉米不完善粒比例高，影响代谢能。不完善粒由于表面粗糙，淀粉、蛋白质等物质直接与外界接触，容易滋生霉菌，增加了玉米霉变的风险，导致新玉米感染霉菌毒素，影响质量。不完善粒可以通过玉米精选除去，任何时间都要避免使用破碎籽粒太多的玉米。即便是陈玉米和标准化产品豆粕，每个批次都有着或大或小的质量差异，加之肝脏、肠道的吸收转化能力是处于动态的，所以从营养供应端来讲能量蛋白比理论值和实际值是不完全一致的。

（2）从营养需求端来看能蛋比

家禽的营养需求也不是一成不变的，特别是能量需求受体重、舍温、产蛋量等众多因素影响。以大午褐举例，说明气温变化对蛋鸡能量需求的影响。

鸡群基本情况：大午褐200日龄，体重2kg，产蛋率96%，采食量115g，蛋重60g，鸡舍温度26℃。下面计算这只鸡一天需要的能量。能量公式：一只鸡一天需要的能量＝体重（kg）×（140～2）×环境温度（℃）+2×蛋量/d（g）+5×日增重（g）。

　　把以上数据输入得出的数值是一只鸡一天需要 301kcal 能量（该阶段的日增重按照每天 1g 计算）。当鸡舍的温度下降至 16℃时，其他数据不变，鸡一天需要多少能量呢？（注：能量公式计算的结果会因为不同环境、不同品种略有偏差，数据仅供参考。但因为温度引起的差额，基本没有偏差。）经计算鸡舍温度 16℃时，一只鸡一天需要 341kcal 能量。鸡舍温度 16℃时比鸡舍温度 26℃时，一只鸡需要多消耗 40kcal 能量。每降低 1℃每千克体重需要增加 2kcal，大约 1.5g 饲料，饲料能蛋比设计见表 6-7。

表 6-7　饲料能蛋比设计

原料	比例
玉米（%）	61
豆粕（%）	25
石粉（%）	8
豆油（%）	1
预混料（%）	5
合计总量（kg）	100
能量（国标）kcal/kg	2 662

　　表 6-7 所示的这款饲料的能量（不包括预混料提供的）：（0.61×3 240+0.25×2 390+0.01×8 800）≈ 2 662kcal/kg（其中玉米能量3 240kcal/kg；豆粕能量 2 390kcal/kg；豆油能量 8 800kcal/kg）。

　　按照这个配方能量计算，当一只鸡一天需要摄入 301kcal 能量时，需要吃 114g 饲料；当一只鸡一天需要摄入 341kcal 能量时，就需要吃 128g 饲料。面对 10℃的降温，鸡群要维持能量摄入和消耗平衡，在配方不变时，需要多吃 14g 饲料，但很显然鸡群在短期内无法做到增加 14g 采食量。

　　如果此时未能及时调整饲料能量水平，而鸡群体能储备又不足，鸡群的产蛋率大概率下降。面对营养需求改变的情况，最重要的是要知道鸡群体能储备情况和目前饲料配方能蛋比，只有这样才能有效地做出相应调整。

4. 验证目前使用的饲料配方能蛋比是否合理的方法

（1）蛋形指数

在不能每批次原料都化验指标，鸡群肝脏、肠道功能时刻处于变化，外界气候不断变化情况下，可以通过测量蛋形指数来衡量饲料配方能蛋比是否合理。所谓蛋形指数指的是鸡蛋的粗度除以长度的商。不同的能量蛋白比和不同的体能储备状况，鸡蛋表现出不同的蛋形指数。

蛋形指数结果代表什么以及需要什么样的蛋形指数？

蛋形指数计算的结果，分为合格、偏瘦、偏肥、极端蛋形4种。这里的合格、偏瘦、偏肥判断的是体能储备的多少（体内脂肪储备），而不是单一体重，体能储备和体重并不完全相等。蛋形指数测量结果显示合格60%以上，偏肥偏瘦的比例在10%~15%，鸡群具备最佳产能。偏肥或者偏瘦超过30%的鸡群，就到了危险边缘。偏肥比例30%就容易出现脂肪肝，偏瘦比例30%一旦遇到应激，就会出现产蛋率起伏不定甚至下滑。偏瘦比例超过50%就非常危险。

所以偏瘦的比例大远比偏肥带来的风险更大，偏瘦比例大的案例也最常见。

（2）蛋形指数测量的意义

通过蛋形指数，可以分析判断一批鸡到底是偏肥或偏瘦，偏瘦比例有多大（即便是称量体重，也不如蛋形指数更为精准）；为什么同样的饲料，有的鸡群抗应激能力强，有的就弱；为什么到了秋季，有的鸡群会疯狂吃料，有的就表现正常；为什么遇到一场应激，有的鸡群产蛋量大幅下降，有的鸡群却稳如磐石。通过蛋形指数测量分析找到这些问题的根源，然后再根据蛋形指数结果调整饲料能蛋比，做到营养合理、鸡群健康高产。以产蛋高峰期蛋鸡饲料推荐配方为例（表6-8）。

表 6-8　产蛋高峰期蛋鸡饲料推荐配方

原料	比例
玉米（%）	60.5
豆粕（%）	25
石粉（%）	8
豆油（%）	0.5
预混料（%）	4
麸皮（%）	2
合计总量（kg）	100
能量（kcal/kg）	2 669
粗蛋白（%）	16.34
这款饲料的能蛋比	163.35

表 6-8 是常见的推荐配方，对于产蛋高峰期蛋鸡而言，能蛋比严重偏低，太低的能量会导致蛋白浪费，并对肝肾造成影响，还非常容易出现脱肛，也会导致体重逐渐偏瘦。随着鸡体能储备的下降，产蛋率也不能很好地维持，继而导致高峰期长度高度都不理想。大多数养殖场使用的产蛋期配方往往过分重视蛋白质，忽略能量供应和能蛋比平衡。这种现象不改变，蛋鸡的产蛋潜力很难挖掘出来，根据养殖场实际情况做的配方见表 6-9。

表 6-9　养殖场比例配方（根据养殖场实际情况）

原料	比例
玉米（%）	62
豆粕（%）	25
石粉（%）	8
豆油（%）	1
预混料（%）	4
麸皮（%）	—
合计总量（kg）	100
能量（kcal/kg）	2 731
粗蛋白（%）	16.16
这款饲料的能蛋比	169.04

表6-9是根据养殖场实际情况做的配方，建议高峰期配方的能蛋比范围在168~172，至少要大于168，提高饲料能量和蛋白质的办法有很多种，包括使用优质原料或者增加高能量、高蛋白原料的使用量，以及科学使用酶制剂等（注：推荐的能蛋比比值只限于营养桥矫正器使用）。

最重要的不是某一类营养物质含量有多高，营养最重要的是平衡。这个营养平衡的工作就要借助"蛋形指数和营养校正器"来协作完成。通过蛋形指数监测鸡群体脂储备变动情况，通过营养矫正器调整饲料能蛋比，做到营养供应与鸡群需求基本一致，就可以给鸡群提供均衡合理的营养，让鸡群健康高产稳产。

第四节　低蛋白饲料的使用

在讨论如何优化蛋鸡饲养、提高产蛋率这一话题之前，我们首先要聚焦于预产期蛋鸡的生理变化，以及体内各组织器官的发育顺序与特点。从体重达标的12周龄开始，肌肉和骨骼的发育高峰期逐渐结束，随后84~100日龄，发育的重心转向脂肪沉积和生殖器官的发育，这一生理转变要求我们提供相应调整的营养策略。如何加快脂肪沉积，进而启动生殖系统发育，成为关键。脂肪的生成源于过剩的能量，而实现能量剩余则需要我们精心设计饲料配方。同时，随着生殖系统的启动，髓质骨进入快速发育期，对钙磷的需求增加。因此，这个阶段必须同时增加钙磷的供应。

随后，生殖系统进入集中发育期，特别是输卵管发育期，对营养的需求更为严格。为了促进生殖系统的发育，必须综合考虑多种营养措施，而不仅仅是提高蛋白质、氨基酸的含量。最后，进入卵泡发育期，营养物质的平衡与充足至关重要。这一阶段的管理措施对鸡群终生的蛋白质需求、蛋重表达能力以及蛋壳质量具有深远影响。因此，我们不仅要提供充足的营养，还要关注光照管理，以促进卵泡的自然生成和发育。

综上，要实现蛋鸡的高产高效养殖，必须深入了解预产期蛋鸡的生理变化和各组织器官的发育特点，提供相应调整的营养策略和管理措施。

一、蛋鸡预产期以及体内各组织器官的发育顺序与特点

蛋鸡从体重达标的 12 周龄开始，肌肉和骨骼的发育高峰期渐趋尾声，这里需要明确的是发育高峰期，而非发育的终止。随后，84~100 日龄阶段，发育重心从肌肉和骨骼转向脂肪沉积和生殖器官的发育。鉴于这一生理转变，我们提供的营养也必须相应调整。首先，如何加快脂肪沉积成为关键，当沉积到一定程度时，机体将启动生殖系统发育。脂肪的生成源于过剩的能量，只有当能量有剩余时，脂肪储备才有可能形成。还不确定淀粉和脂肪提供的能量，对这个阶段的影响有没有区别，如果没有足量提供磷脂，倾向于淀粉提供的能量过剩。

与生殖系统启动同步的是髓质骨发育。随着生殖系统的自主启动，髓质骨进入快速发育期，尽管此时皮质骨发育减缓，但饲料中原本能够满足皮质骨发育的钙磷，已无法满足两者同时的需求。因此，这个阶段一定要同时增加钙和磷，通常认为钙是必须的，其实磷的补充也至关重要。

随后，进入生殖系统的集中发育期，特别是输卵管发育期（体重达标的 105~125 日龄）。这一阶段的发育需要更多优质的蛋白质、氨基酸、维生素、微量元素以及某些特殊营养素。值得注意的是，生殖系统发育的质量受到腹部脂肪沉积量和上述营养充足度的双重影响，尤其是微量营养成分。因此，为了促进生殖系统的发育，我们必须综合考虑多种营养措施，而非简单地认为提高蛋白质、氨基酸就能带来所有内脏器官的良好发育。

最后，进入卵泡发育期，这是生殖系统发育的又一关键阶段（卵泡成熟后，落入输卵管，就必须长成鸡蛋）。在这一阶段，我们需要特别关注营养物质的平衡与充足，以确保卵泡的健康发育和功能的正常发挥，这个阶段饲料脂肪酸和蛋白质品质尤为关键，据现场数

据，脂肪酸含量足够并使用了小肽的饲料在蛋率和蛋重上具有明显优势。同时，我们关注饲料质量，还要关注饲喂方式的合理性，以满足动物在不同生长阶段的需求，最终实现高效、健康的养殖目标。

对于 100~130 日龄，甚至更长时间的鸡群管理，我们必须确保输卵管得到充分的发育时间和条件。这不仅意味着提供充足的营养，更要关注光照管理，以促进卵泡的自然生成和发育。这一阶段的管理措施对于鸡群终生的蛋白质需求、蛋重表达能力以及蛋壳质量具有深远的影响。一个拥有内脏器官充分发育的鸡群，能够以最少的蛋白质获取更高的产量，这一观点已得到众多权威机构的验证。特别值得注意的是，125~130 日龄，应根据当地鸡蛋销售习惯和鸡群发育情况来决定第二次增加光照的时间和幅度。据现场数据显示，能够在 150d 达到高峰的鸡群，其各项指标均表现优异。即使在蛋白含量较低的情况下，也能实现高产，甚至超过高蛋白饲料的产量。

此外，我们特别强调内脏器官的充分发育对于鸡群整体性能的重要性。

按照海兰褐品种的资料，25 周龄应完成成年体重的 96%~98%，即 1.925~1.95kg。而根据鸡场营养师周进喜的数据，如果 25 周体重 1.95~2kg，35 周 2.1~2.15kg，那么这些鸡在未来的 12 个月以上，将更有机会保持 90% 以上的产蛋率。值得注意的是，对于 35 周龄体重不达标或身体透支严重的鸡，其内脏器官发育也会存在问题。身体透支往往伴随着这一问题，而永远不存在脂肪沉积不足而内脏器官发育超常优秀的鸡。换句话说，对于 25 周龄前体重不达标的鸡，不仅存在脂肪沉积不足的问题，更重要的是发育迟缓，尤其是生殖系统的迟缓。这种鸡即使在产蛋后期体重增加，也无法提高产量（内脏器官工作能力处于劣势）。

因此，为了确保鸡群高峰期的高度和高峰持续期能够更长，必须重视鸡群体能储备和内脏器官持续工作能力的培养。只有这样，才能确保鸡群在整个生产周期内保持稳定的产蛋性能和高产水平。

体能储备的重要性不言而喻，那么，内脏器官的工作能力又与何种因素息息相关呢？这需要我们进一步拓展分析。内脏器官的发育与健康状况，无疑对其工作能力产生深远影响。有人或许会质疑，既然海兰资料中并未提及"胫长"这一概念，那么骨架大小是否就真的无关紧要呢？对此，我的回答是：尽管大骨架与小体型均有可能实现高产，但了解大骨架所带来的优势，对于我们明确目标具有重要意义。

二、为何提倡大骨架、大体腔、大内脏

首先，我们要关注的是生殖系统的发育与"人参果效应"。一个基本的事实是，第一个鸡蛋的大小与体重成正比，而体重又与能量成正比，与蛋白成反比。在所有营养元素中，能量无疑最为关键。那么，营养充足就一定能确保发育完美、产量满意吗？

骨架小，体腔自然就难以扩大。即便我们为鸡提供再多的营养，也难以改变这一局面。这就像模具中的人参果，无论水肥如何充足，它也只能发育成模具所限定的大小。

同样，蛋鸡的体型和产量也受到骨架大小的限制。这正是我一直强调胫长和骨架重要性的原因。骨架大，体型自然也会相应增大，进而为体腔的扩大提供了可能。这样，内脏器官就有更大的发展空间，有机会发育得更加优秀，从而具备更强的工作能力。在这种情况下，为鸡群提供相匹配的营养和健康管理，往往能够事半功倍。如果内脏器官发育不理想，即使再多的营养也难以发挥出最佳表现。例如，输卵管过于细小，就可能导致产蛋量下降。因此，在追求高产的同时，我们不应忽视对鸡只骨架和内脏器官发育的关注与投入。

鸡体的生殖机制对鸡蛋大小有一定的自然限制。如果鸡只因营养不良而发育不良，我们不能单纯地通过增加营养来强行增加蛋重。过度强制增加蛋重可能导致鸡只出现脱肛、啄肛等问题，尤其对于蛋形指数偏大的鸡，这种压力对输卵管造成的伤害尤为明显。为了维持鸡群的高产性能，鸡只的大骨架、大体腔以及大内脏发育都必不可少。在鸡的成长过程中，前期的体格和内脏器官发育，特别是育雏期的健康至关重要。这是为鸡只后续的生长和产蛋能力打下坚实的基础。

90~150日龄，生殖系统和内脏器官的发育及其工作能力的保持，

是确保鸡群高产的关键。之前的所有发育和健康状态，包括肝肠健康和骨架发育，都为这一阶段打下坚实的基础。此外，建议 100～130 日龄保持恒定光照，这对鸡只的生长和产蛋性能有积极影响。研究和实践表明，肝脏和肠道的健康对蛋黄和蛋清的形成具有重要影响。然而，输卵管的发育，包括其粗度、长度和韧性，对未来蛋重的影响更大，但这一点往往被忽视。在某种程度上，输卵管发育的重要性甚至超过氨基酸的作用。

因此，光照管理、提供合适能蛋比的饲料以及及时补充特殊的微营养，在这一阶段都显得尤为重要。过去，我们可能更多地关注体型大小对蛋重的影响，但实际上，生殖系统的发育同样重要。根据现场数据，一个发育优秀的生殖系统，即使在较低的豆粕含量（如21%）下，也能产生与豆粕含量较高（如25%）但生殖系统发育一般的鸡群相当的蛋重，这进一步强调了生殖系统发育的重要性。

因此，最科学的做法是根据现场实际情况来判断饲料配方的合理性，确保鸡只的健康和产蛋性能。总的来说，低蛋白配方的成功应用，离不开鸡只的大骨架和大内脏发育。在蛋鸡养殖业中，我们应充分利用现有的技术水平和知识，为鸡只提供最佳的生长环境和营养，以实现高产、高效和可持续的养殖目标。

三、低蛋白配方在饲料中的应用

经过广泛研究和实验验证，低蛋白配方在饲料中的应用是可行的，但其效果受到众多因素的影响。为确保低蛋白配方能够发挥最大的效用，我们须深入探究以下几个关键因素。

首先，鸡的健康状况和工作能力至关重要。鸡的健康状况直接影响其消化和吸收能力，进而影响饲料的利用率。因此，确保鸡在体内外的健康发育是提高饲料效果的基础。其次，氨基酸的平衡对于提高饲料的消化吸收率具有关键作用。合理搭配各种氨基酸，以满足鸡的生长和生产需求，是提高饲料效果的关键措施之一。

此外，酶制剂技术的运用也是提高饲料消化吸收率的有效途径。高效酶制剂的加入可以显著提高饲料的利用率，从而减少浪费，提高经济效益。同时，维生素的品质对鸡的生长和生产性能具有重要影响。高品质的维生素能够确保鸡的健康状况和生产性能的稳定，进而提升饲料的整体效果。微量元素的添加也不可忽视。适量的微量元素对鸡的健康和生产性能具有至关重要的作用，因此，在饲料中添加适量的微量元素是确保饲料效果的关键措施之一。

最后，确保饲料具有最佳的能量蛋白比至关重要。合适的能量蛋白比例有助于提高鸡的生长和生产效率，这是鸡场成功的关键所在。为了更全面地理解和评估这些因素对饲料效果的影响，我们可以将其视为一系列复杂的考试题目，每个因素都有其独特的权重和评分标准。通过这样的评估方式，我们可以更清晰地了解鸡的营养需求，从而制定更合理的饲料配方。

以海兰褐鸡群为例，为了实现高产，它们每天需要摄取一定量的蛋白质。然而，通过优化其他营养因素，如氨基酸平衡、酶制剂使用、维生素和微量元素的设计等，我们可以降低对蛋白质的需求。同时，我们必须时刻关注鸡的发育状况，因为发育带来的改变对饲料效果的影响是首要的。在实施这些措施时，无论是提高蛋白质利用率、节省蛋白质需求，还是优化能量利用，都有助于实现低蛋白甚至超低蛋白饲料的成功应用。

通过综合考虑这些因素，我们可以为鸡场制定更加科学、合理的饲料配方，从而提高鸡的生长速度和生产效率，实现更好的经济效益。值得注意的是，即使针对相同品种、相同鸡舍，采用相同大原料配比的饲料，由于鸡的体内外发育和内脏器官工作能力的差异，以及饲料中使用的不同维生素、微量元素、氨基酸和酶制剂等因素，最终的现场结果也会有所不同。因此，在实际操作中，我们需要根据具体情况灵活调整饲料配方，以确保达到最佳的饲养效果。

第五节　解决氨基酸不平衡、蛋白过剩与体脂利用率问题

针对当前饲料配方，我们必须关注几个核心问题：氨基酸不平衡、蛋白过剩、饲料内脂肪和体脂利用率偏低以及骨钙提供困难等。

一、关于氨基酸不平衡和蛋白过剩的问题

相较于蛋白过剩，氨基酸不平衡的浪费程度稍轻，但同样可能导致鸡只机体透支。而蛋白过剩的危害则更为严重，会导致鸡只一方面透支有效脂肪，另一方面增加无效脂肪，这在养殖现场表现为体重极端分化。因此，提供合适的高品质蛋白质尤为关键，前提是必须确保氨基酸平衡。在此基础上，我们可以借助蛋形指数软件，根据鸡群实际能力确定最佳方案，确保营养既不过多也不过少，实现充分利用。这些问题不仅影响鸡只的健康，也直接关系到养殖效益。

二、体脂利用率低是一个普遍存在的问题。

饲料中普遍缺乏磷脂和胆汁酸，直接影响脂肪的利用率。特别是在采食蛋白过剩饲料的鸡群中，这一问题更为突出，可能导致严重的肝肾和肠道问题。表现为体重大而产蛋能力不佳，严重时甚至可能引发肝脏问题导致的产蛋下降或零星死亡。

脂肪对于蛋鸡而言必不可少。饲料中本身就含有一定量的脂肪，如玉米油、豆粕中的残留油等。当这些脂肪不能满足制造蛋黄和补充能量的需求时，肝脏会利用剩余的脂肪酸甚至淀粉合成脂肪酸供机体使用。但无论是用于制造蛋黄还是转化为能量，都需要磷脂和胆汁酸的参与，以实现脂肪的乳化、消化和吸收。否则，这些脂肪将无法被有效利用，甚至可能成为脂肪肝的诱因。研究表明，不同来源的甘油三酯需要相应剂量的胆汁酸磷脂以促进其代谢过程（这种临时性的理解方式有助于我们更有效地解决问题）。同时，我们也注意到不同

脂肪来源对内脏产生的损害程度存在差异。因此，我们必须重视磷脂和胆汁酸的补充，以提高体脂利用率，保障鸡只的健康和养殖效益。

在设计和优化鸡饲料配方的过程中，我们必须高度重视氨基酸平衡、蛋白水平、脂肪来源及利用效率等关键因素，以确保鸡只的健康状况和养殖效益达到最佳状态。

三、关于骨钙供应的问题

蛋壳的质量在很大程度上依赖于充足的骨钙供应。事实上，骨钙为蛋壳提供了约1/3的钙质。因此，蛋壳质量出现的复杂问题，往往与骨钙供应不足有着密切的关联。就当前蛋壳质量问题而言，饲料中钙源的缺乏并非主要原因。有些鸡群在饲料中加入高达10%甚至更多的石粉，但蛋壳质量仍然存在问题。这表明，问题可能出在骨钙的供应上。为了解决这个问题，无论鸡群是否存在疾病，都需要确保足量的磷、精细石粉以及与之配套的25-羟基维生素D_3、微量元素和胆汁酸（尤其是肝脏功能）的供应。

综上，为了保障蛋壳质量，必须重视骨钙的供应，并采取相应的措施确保鸡群获得充足的营养支持。这将有助于减少蛋壳质量问题，提高整体养殖效益，从而实现养鸡业的可持续发展。

第六节　饲料添加剂的应用

一、胆汁酸的应用

胆汁酸可以弥补动物自身胆汁酸分泌的不足，促进脂肪的消化吸收、提高饲料的能量利用、保护动物的肝胆健康，作为一种饲料添加剂已广泛应用于畜禽和水产养殖中。

（一）胆汁酸在蛋鸡饲料中应用的功效

1. 排毒解毒，减轻肝脏负担和损伤

饲料中各种非常规原料中霉菌毒素、重金属等含量较高，对各器

官尤其是肝脏带来严重的负担和损害，直接引起肌腺胃炎发病率增加。胆汁酸中的脱氧胆酸，能有效地分解肝脏中的有毒物质，利用胆汁的肝肠循环，把分解不了的有毒有害物质转运出来，随粪便排出体外。胆汁酸能够刺激肝细胞分泌大量胆汁，消除胆道内胆汁的淤积，同时，药物、重金属等有毒物质随着胆汁外排出体外，不仅起到"护胆利胆"的作用，又保护了动物机体健康。

2. 提高能量利用，促进雏鸡生长

幼雏鸡由于肝脏功能发育不完善，胆汁酸分泌不足，对能量的利用有限。加入胆汁酸可提高消化吸收能力，提高对脂肪的利用率，减少蛋白损耗，提高蛋白利用率，从而提高机体生长性能，降低饲料成本，同时促进雏鸡生长发育。不止雏鸡，产蛋鸡也面临着胆汁酸不足的问题，一是高产带来的需求量增加，二是肝肾功能的损伤带来的供应量不足，这些问题要么依靠提升自身供应量来解决，要么就通过人为添加胆汁酸来解决。

3. 清除自由基，提高蛋鸡抗应激能力

机体处于病理或应激状态下可产生大量自由基，特别是其中的是氧自由基，可与不饱和脂肪酸发生连锁反应生成脂质过氧化物，影响动物机体的正常代谢和修复功能。添加胆汁酸可提高超氧化物歧化酶、谷胱甘肽过氧化物酶和谷胱甘肽还原酶的活性，清除体内过多的氧自由基，提高机体的抗应激能力，改善动物的健康状况。

4. 促进脂溶性维生素的利用，提高蛋鸡产蛋质量

胆汁酸具有乳化、消化、吸收饲料中的脂肪及脂溶性维生素的作用，在蛋鸡饲料中添加胆汁酸可促进机体充分吸收利用饲料中的营养物质，延长产蛋高峰期，有效加深鸡蛋蛋黄颜色；提高蛋壳颜色饱和度，改善蛋壳质量，提高蛋品品质。

（二）胆汁酸在蛋鸡养殖中的应用

在实际养殖中可以选择富含胆汁酸的添加剂，促进蛋鸡良好的生长与生产性能。常用的有混合型饲料添加剂——胆康宁，使用方法及其对应的效果如下。

1. 50~100g/t 饲料，长期添加，饮水拌料均可

作用：①补充营养；②促进脂肪及脂溶性维生素的消化吸收；③控制脂肪泻，降低饲料成本。

2. 100~200g/t 饲料，育雏 1~35 日龄，全程使用，饮水拌料均可

作用：①体重、胫骨双达标；②有效缓解霉菌毒素等引起的早期腺胃炎、肌胃炎、肠道、过料疾病的发生。

3. 200~300g/t 饲料，定期每个月用 10d，饮水拌料均可

作用：①有效预防脂肪肝及肝胆疾病引起的伤亡；②提高产蛋率，延长产蛋高峰。③调理身体机能，提高解毒能力。

4. 300~500g/t 饲料，连用 5~7d，拌料饮水均可

作用：①心包积液综合征等肝胆综合症的辅助治疗；②解决因霉菌毒素造成的吐水、拉稀、鸡冠发白的现象。

5. 蛋禽/种禽 1~5d 300~500g/t；5~10d 200~250g/t，饮水拌料均可

作用：①迅速控制脂肪肝及肝胆疾病造成的肝脏破裂、出血、零星伤亡；②解决因油脂添加过量导致的脂肪泻，表现"有药就好，停药就犯"的现象；③解决蛋壳质量差，调整钙磷以及增加鱼肝油还不能改善蛋壳质量问题。

二、酶制剂

我国作为饲料生产大国，大豆供应高度依赖进口，豆粕作为饲料中重要的优质蛋白来源，其价格直接影响饲料成本及企业利润。

农业农村部已明确提出，加快推广低蛋白日粮技术，旨在提高原料利用效率，减少豆粕用量，降低对大豆进口的依赖，进而降低养殖成本并减少氮排放。这一举措具有多重效益。在蛋白原料采购及市场行情带来的压力下，推广低蛋白日粮技术，减少豆粕在饲料配方中的用量，仍将是企业降本增效的重要措施。引导全行业采用低蛋白日粮和玉米豆粕减量替代技术方案，有效降低饲料蛋白水平，减少饲料粮的不合理消耗，已成为行业发展的必然趋势。

推广低蛋白日粮技术在畜牧行业中具有举足轻重的地位。为确保日粮蛋白降低后不影响使用效果及动物生长性能，合理选用添加剂产品以提高蛋白利用效率至关重要。以蛋鸡养殖业为例，当前技术能力已能确认低蛋白配方的成功，但其完美程度受以下因素影响。①鸡只的体内外健康发育和工作能力；②氨基酸平衡；③酶制剂技术的运用。

维生素的品质、微量元素的含量以及最佳的能量与蛋白质比例，这些都是影响生物体发育与健康程度的关键因素，这些要素直接关联机体的消化吸收能力。

在提升饲料消化吸收率方面，除了上述要素外，氨基酸和酶制剂的科学使用也起着重要作用。然而，需要明确的是，消化吸收转化能力与饲料利用率是两个不同的概念，需要采取不同的策略来优化。

若将这些要素作为考核内容，为每一项设定不同的分值，通过得分与失分来评估对营养知识的理解，无疑会使这一过程更为直观和易于理解。以海兰褐鸡群为例，为了满足高产需求，每天需要摄入18g的蛋白质。然而，发育状况优秀的鸡群，即使每天减少0.5g的蛋白质摄入，也能维持高产。这其中的原因，除了发育带来的自然变化外，还可能与饲料中氨基酸的平衡、酶制剂的使用以及维生素和微量元素的优化设计等因素有关。

值得注意的是，上述蛋白质需求量的降低仅为了便于理解，实际降幅可能因各种因素而有所不同。以第五代益能宝功能酶为例，每吨饲料添加500g，可以节省0.6%~1%的蛋白质。随着技术的不断进步，酶制剂在挖掘营养潜力方面的作用将愈发显著。

综上，无论在哪一个环节做出优化，都能提高能量和蛋白质利用率。蛋白质利用率的提高意味着蛋白质需求量的降低，同时也能节省能量。

这不仅不会影响产量，反而有助于降低料蛋比。这就是低蛋白饲料取得成功的核心思路。至于蛋白质可以降低到什么程度，目前尚无法确定，但可以肯定的是，营养越均衡，饲料消化吸收率越高，蛋白质需求量就会越低。机体消化吸收能力的提高，将进一步降低料蛋比。简而言之，上述各项优化措施做得越好，相同产量下所需的蛋白质就越少。

酶制剂对低蛋白饲料的影响，下面将以"益能宝功能酶"中的蛋白酶为例进行探讨。首先，我们通常会遇到许多关于抗营养成分降解酶的文章或视频，如 β 甘露聚糖酶、葡聚糖酶、木聚糖酶等。然而，对于诸如淀粉酶、蛋白酶、脂肪酶等消化酶的话题，人们的关注却相对较少，这无疑是一个值得深入探讨的领域。

以"益能宝功能酶"中的蛋白酶为例，其独特之处在于其能够补充和协同幼龄动物的内源酶。受生理条件及人为因素（如雏鸡、转群应激等）的影响，幼龄动物的内源酶分泌可能不足或酶活力受损。这不仅会降低日粮的消化率，而且大量未消化的蛋白质进入后段肠道（如结肠、盲肠）发酵，可能导致有害微生物过度增殖，产生有害物质（如胺、氨等），从而引发腹泻等疾病，并对养殖环境产生不良影响。与此同时，饲料中的淀粉转化为葡萄糖提供能量，部分用于生命活动和生产需要，部分转化为体脂。

饲料中的部分非淀粉多糖，如粗纤维，则会在盲肠中进行发酵，产生更多的有益菌和丁酸、乙酸等，这些物质对动物健康具有积极作用。然而，蛋白质过剩却可能带来一系列问题。无论是由于氨基酸不平衡还是能量不足导致的蛋白质过剩，都可能对动物健康产生危害。这些未消化蛋白质的消化代谢也会增加动物对能量的消耗。在这种情况下，外源蛋白酶的补充作用显得尤为重要。外源蛋白酶能够增强畜禽的消化能力，特别是对于幼龄动物和应激动物，尤其是在使用低蛋白配方时。

蛋白酶能够将大分子蛋白质降解为小分子，协助内源酶对蛋白质进行消化。此外，外源酶的添加还能够激活内源性酶原，提高肠道内源酶的活力。值得注意的是，在蛋鸡产蛋高峰期至产蛋后期、肉鸡生长后期以及应激期，畜禽的内源酶水平也会有所降低，动物对日粮营养物质的消化利用产生不利影响。因此，通过科学使用酶制剂，如"益能宝功能酶"中的蛋白酶，我们可以有效改善低蛋白饲料的消化利用率，提高动物健康水平，同时减少养殖环境的不良影响，这将对畜牧业的可持续发展产生积极推动作用。

蛋白酶的益处如下。

1. 提升动物生产性能与健康水平

动物生产性能的优化与其健康水平的提升，对于养殖业而言至关重要。为达到此目的，适当补充外源蛋白酶可显著提高饲料的消化吸收率，进而实现降本增效的目标。

2. 消除致敏因子与抗营养因子的影响

在植物性饲料原料中，大豆抗原（包括大豆球蛋白和伴大豆球蛋白）是主要的致敏因子，可能对幼龄动物的肠道造成损伤。同时，抗营养因子，如蛋白酶抑制因子、NSP 以及植酸等，也会对动物的消化能力产生负面影响。为应对这些问题，通过膨化、发酵、酶解等预处理方式，可以从源头上降低这些因子的含量。此外，在饲料中添加蛋白酶、植酸酶、NSP 酶等，可以进一步降低这些因子的影响，提高低蛋白日粮的营养利用率，进而提升动物的整体健康水平。

3. 优化蛋白质与氨基酸的利用

蛋白质的结构对其消化率具有决定性影响。在低蛋白日粮中，特别是当使用各种非常规原料配制饲料时，添加蛋白酶可以有效地破坏蛋白质的结构，提高其利用效率。

蛋白酶的应用还可以消除原料间蛋白质和氨基酸消化率的差异，从而提升动物群体的整体生产性能和健康水平。

此外，蛋白酶在提高非必需氨基酸消化率以及提高肽转运蛋白表达量方面也表现出显著效果。常规饲料的氨基酸消化率约为 80%，而通过使用特定的功能酶，如益能宝，我们可以进一步提高氨基酸的消化率，优化其消化率 4% ~ 5%。

4. 提高能量代谢效率

在谷物原料中，蛋白质与淀粉之间的交互作用可能影响淀粉的降解和能量的利用。特别是某些谷物（如玉米、高粱、大麦等）中的醇溶蛋白含量较高不易降解，进一步加剧了这一问题。为改善这一状况，我们注意到蛋白质和淀粉的降解之间存在协同效应，即蛋白质降解率的提高可以促进淀粉的降解速率和利用率。

因此，在低蛋白日粮中，合理使用晶体氨基酸等添加剂，可以进一步提高能量代谢效率，从而优化动物的整体生产性能。晶体氨基酸因其快速利用率而备受关注，然而，其能量利用是否能与氨基酸利用保持同步，对于动物的生产性能及生产效率具有重要影响。

因此，我们必须对此给予充分的重视。此外，蛋白酶的应用在谷物醇溶蛋白的降解过程中发挥了关键作用，它不仅提高了淀粉的降解速率，还有效地改善了低蛋白日粮中能量与氮元素的同步性，从而进一步提升了日粮的能量代谢效率。这些改进措施对于优化动物饲养和提高生产效率具有重要意义。

三、石粉的应用

石粉富含各种矿物质元素，如钙、镁、铁等，可以作为蛋鸡摄取矿物质的补充剂，有助于促进蛋鸡的生长发育和提高蛋壳硬度。90～100 日龄，脂肪沉积到一定程度的鸡，就会自主启动生殖系统，与它同步发育的还有髓质骨发育，髓质骨发育的高峰期比生殖系统发育的高峰期来的更早一些。我们可以把倒数第三根主翼羽退换作为生殖系统启动发育的标志，一旦发现倒数第三根主翼羽退换，就要及时加磷、钙以促进髓质骨发育（倒数第四根主翼羽可以理解为体成熟向性成熟过渡开始），此时要及时关注钙磷的添加，蛋鸡养殖中可以通过石粉补充相应的营养物质。

1. 石粉+石粒

钙源以面和小颗粒为主，一直到见蛋时再加入大颗粒石粉也不晚（关于加石粉可以参考以下办法，剩 3 根主翼羽还没有换时，就可以提高磷和钙。可以加 1%小颗粒石粉，石粉加到 3%～4%时可以加 1%大颗粒石粉，（为个别鸡产蛋做准备）。见到第一个鸡蛋时，精细石粉 5%，大颗粒添加 1%，二者总计 5%～6%，以后再加的全部是大颗粒。

完全自配料鸡场，产蛋前期保证 3%是 70～80 目粗糙的细石粉，2%都是 40～50 目半大颗粒，其他的 5%都是 10～20 目大颗粒的（太大、太硬的也不好，这个粒度的是否缺乏根据傍晚时分料槽中是否剩余来判断）。随着日龄增加，逐渐减少 40~50 目小颗粒，增加大颗粒，根据傍晚时分料槽中是否剩余大颗粒，进行大颗粒的增加或者减少）。

2. 磷

磷源以磷酸氢钙，磷酸一二钙为主（最好是一二钙），磷的适当超量供应有利于骨骼发育和健康，建议一直保持到 180 日龄左右，180 日龄后可以适当放松磷的管控（至少也要保持到高峰期到来后）。

四、大豆油、大豆磷脂、卵磷脂

能量"决定"产蛋率，蛋白氨基酸"决定"蛋重，二者比较，能量更重要。

蛋鸡饲料添加油脂的目的和好处如下。

（1）提高能量，因为能量决定产蛋率高低和高峰期的可持续性，尤其夏季，豆油提供的能量相对玉米提供的能量对鸡更有好处。

（2）可以提供亚油酸等脂肪酸，鸡蛋由蛋黄、蛋清、蛋壳组成，亚油酸有助于提高蛋黄的重量，还能增加鸡蛋的口感。

（3）油脂可以提高饲料中脂溶性维生素 A、维生素 D、维生素 E、维生素 K 的吸收利用率，从而改善生产性能、蛋壳质量和蛋壳颜色。

（4）可以降低饲料粉尘，还可以让一些粉末状的原料更容易粘结在饲料表面，从而有助于提高鸡舍空气的质量和饲料采食习惯的改善。

豆油的油脂含有卵磷脂等，有助于提高肝脏和卵巢功能，从而有助于提高鸡体生产性能的稳定与长久。但是我们现在使用的一级大豆油，磷脂含量低。

磷脂可以让脂肪更高效地转运利用，增加蛋黄中脂肪的含量，增加蛋黄比例，增多脂溶性色素沉积，从而加深蛋黄颜色；可以让脂肪代谢走更少的弯路，节约更多的能量、降低料蛋比，磷脂是身体所必需的，俗称必需磷脂。

平常会使用大豆磷脂来满足营养需要，大豆磷脂的组成成分复杂，主要含有卵磷脂（约 34.2%）、脑磷脂（约 19.7%）、肌醇磷脂（约 16.0%）、磷酯酰丝氨酸（约 15.8%）、磷脂酸（约 3.6%）及其他磷脂（约 10.7%）。

大豆磷脂在体内能以完整的分子形式与受损的肝细胞膜结合，修复受损的肝细胞膜，促进肝细胞再生。大豆磷脂还能将肝中的脂肪带到血液中乳化成小微粒，大豆磷脂修复肝细胞膜和消化肝中脂肪的双重作用对脂肪肝的功效更为明显。

磷脂含量低，导致脂肪不能被有效利用（饲料和体脂），磷脂偏低或者其他和脂肪消化吸收转运能力相关元素偏低时，就会一边出现能量不足，一边却出现脂肪肝，这种情况值得警惕。

不管饲料加油与否，都必须有磷脂的参与，否则脂肪消化吸收和转运就会出问题，包括玉米中的玉米油，也需要磷脂的参与。磷脂本身也有能量，但是不能用量太多，完全依赖它，会让鸡偏瘦，前期需要的能量高，为了充分发挥脂肪的作用，要适当加点磷脂，对促进脂肪吸收和蛋黄形成都有好处。

产蛋后期容易出现脂肪肝，能量未被有效利用或者超量，就被储存在身上，这时要加大磷脂的量。胆碱、甜菜碱、胆汁酸、磷脂、脂肪酶都对脂肪消化吸收有好处，它们工作的地方不一样。50%磷脂粉添加量 0.5%~2%，前期少后期多点，发现有脂肪沉积过多趋势时，量就大点，随着日龄增加，可以逐渐加大用量，适当使用磷脂粉比单独加油要好很多。

建议可以长期少量添加或者大量用于过肥的鸡群，少量添加弥补了磷脂的不足和充分利用磷脂的乳化，促进脂肪代谢、护肝，大量添加发挥其纠正体脂均衡的能力，减少脂肪肝发生率。

卵磷泰（复合型溶血卵磷脂，特殊工艺处理的卵磷脂），其使用量超过 500g 时，蛋鸡产蛋率会提高 3%左右。添加 400~500g 时，产蛋量能提高 2.86%，降低料蛋比 3.5%~4%。在蛋品质方面，通过添加卵磷泰（溶血卵磷脂）可以提高蛋黄的颜色并且提高蛋黄的占比。

1. 卵磷泰改善油脂消化吸收

卵磷泰能够通过乳化日粮中的油脂，从而提高肠道中脂肪酶的活性，让脂肪更加充分地被水解。当然在蛋鸡日粮中，油脂比较少，该方面优化作用可能不那么明显，对蛋鸡来说，磷脂的作用要大于胆碱。

2. 卵磷泰改善脂肪代谢

从油脂源头来讲，蛋鸡日粮油脂偏低，所以蛋鸡中大部分的脂肪需要其自身合成。卵磷泰能够显著增加肝脏中脂肪酸的表达，表示蛋鸡脂肪酸合成能力增加，满足产蛋对于脂肪酸的需要，也提高了肝脏内脂肪的转运和体内脂肪的代谢，有一些鸡的体脂偏多但是能量却显示不够，就与磷脂缺乏有关。胆碱在改善脂肪代谢方面未见明显效果。

五、蛋鸡专用健胃砂

肝肠健康对蛋鸡而言，尤其是雏鸡特别关键，做好肝肠健康方案特别重要。包括腺肌胃在内的整个消化系统的发育和健康，是养殖场育雏育成期面对的最多的健康问题。

（一）膨化颗粒料的好处和弊端

雏鸡阶段普遍使用膨化颗粒料，颗粒料带来了生长速度和均匀度的提高。膨化颗粒料遇水会成为糊状，这样的糊状饲料，不再需要肌胃进行研磨，看似省劲，其实对鸡而言却违背了它的生理习性。肌胃必须有硬的东西才能启动其发育，这是包括鸡在内的禽类的天性。

雏鸡阶段建议加健胃砂的主要原因和目的，是预防腺肌胃炎和促进肌胃发育。

（二）各类因素影响着腺肌胃和消化道健康

雏鸡阶段，面临着诸多问题，比如霉菌毒素引起的腺肌胃炎，饮水不足导致的消化道内的毒素停留，还有一些垂直下来的消化道问题，都会引发或者加重腺肌胃炎的发生。炎症和肌胃发育不良加剧了肠道后端营养物质的残留量，残留的物质成为有害菌增殖的营养，加剧了肠道问题的发生。因此，这一项管理措施特别关键，而却是被大多鸡场忽视的地方。

（三）健胃砂的应用

对禽类而言，健胃的办法不是消食片，而需要借助专业健胃砂，它在精选砂石的基础上，喷了药物，能够提高免疫力，预防和治疗腺肌胃炎，快速提高采食量，促进发育等。据现场数据，1~42 日龄按照 0.5%~1% 添加健胃砂（用到 42 日龄，最大量，50 只鸡 500g）。据现场数据，使用健胃砂可以在同样饲料情况下，多长 7%~8% 的体重，并且不再受腺肌胃炎的困扰，也不再因为均匀度不好、大小相差太大的鸡群而烦恼。

六、抗应激添加剂

（一）添加剂配方一

提高动物抗应激能力，消除或降低动物应激反应，是提高养殖生产性能、增加养殖效益的重要途径。近些年来，市场上相继出现了发酵代谢物、发酵中药、活菌制剂等改善肠道、提高消化吸收功能性添加剂，这些产品的推出对改善饲料报酬、提高养殖效益有一定的积极作用。但到目前为止，还没有遇到过一款以提高动物抗应激能力为主要功能的产品（应激策略）。

复合型抗应激产品与单一的提高消化吸收的发酵代谢物及中草药类添加剂不同，复合型抗应激添加剂能够更全面解除应激反应给动物带来的负面影响，实现从源头到末端的整体调控机制。

1. 主要功能

针对"应激"造成畜禽食欲降低、精神沉郁/亢奋、胃肠功能紊乱、免疫力低下、生产成绩下降等问题而研发的一款专用于抗各种应激的高效、绿色、无抗、无残留的功能性添加剂。本品通过调节神经内分泌系统、调理肠道、强化免疫功能、提高畜禽抗应激能力、减缓应激造成畜禽生产的负面影响，提高生产成绩，是解决应激这一养殖难题的特效产品。主要具有以下几点功效：

（1）平静安定，减缓鸡群对应激的反应。

（2）提高采食，减缓应激造成采食下降。

（3）促进消化，减缓应激造成机能减退。

（4）补充营养，弥补应激造成营养消耗。

（5）强化免疫，解决应激造成免疫低下。

2. 产品特点

扶康安配方挖掘中医镇静安神组方，双向调节中枢神经通路。集弱化机体对外界负面应激的敏感度和强化机体正向反应的能力和速度于一体，辅以提高免疫力、降解抗病营养因子和提高消化吸收功能的活菌制剂和消化酶，让动物在恶劣环境中最大限度地消除逆反应，精神状态好，吃得进，消化得好，营养吸收得快，抗逆性强。

3. 主要成分

抗菌肽、刺五加、维生素 C、酸枣仁、枯草芽孢杆菌、山楂、酵母菌、高效生物酶、酸化剂等。

4. 用法用量

添加量为 0.1%，即 1kg 产品拌 1 000kg 饲料，遇到强应激或者辅助治疗疾病时，可以加倍使用。

（二）抗应激配方二

在高温环境下，鸡群常常受到热应激的困扰，这导致生产性能下降，甚至出现生理机能受损的情况。为了有效缓解热应激对鸡群的不利影响，降低死亡率、提高采食量、促进生长发育、保持蛋壳颜色鲜艳、稳定产蛋率和蛋重，营养和管理是必不可少的。持续高温天气可能导致采食量受到影响，因此，饮水添加有助于缓解热应激。为了提高机体抵抗力，采食添加抗应激产品至关重要。

1. 原料组成

维生素 C、牛磺酸、B 族维生素、γ-氨基丁酸、中药提取物、微量元素等。

2. 作用与用途

防治热应激病，减少高温热应激对鸡群生产性能和生理机能的影响。如防止高温造成的死亡升高、采食量下降、生长迟缓、蛋壳颜色发白变浅、产蛋率下降、蛋重下降等。

3. 使用说明

每袋 1kg，可兑水 800~1 200kg 或供 10 000~15 000 羽蛋鸡 1d 使

用，集中于 4h 左右饮用。

夏天，防热应激，饲料中加维生素 C 150~200g/t，牛磺酸 200~300g/t，胆康宁胆汁酸 200g/t，多维 150g/t。

持续高温时，额外加应激宝，饮水使用，按照 1 万~1.5 万只鸡一袋，早上开始集中 4h 饮完。

七、姜黄素

在中华五千年的饮食文化中，姜黄作为一种常见的调味品，早已深入人心。而它所含的姜黄素，不仅是赋予菜肴金黄色的天然色素，更是一种拥有众多生理功能的神奇物质。从抗氧化到抗菌消炎，从促进消化吸收到保肝利胆，姜黄素在维护机体健康方面发挥着不可或缺的作用。

在畜牧业中，它更是作为一种天然的饲料添加剂，展现出了改善畜禽生产性能、提升产品品质和提高免疫力等显著效果。

（一）姜黄提取物——姜黄素

姜黄素是一种从姜黄根茎中提取得到的黄色色素，具有抗氧化、抑炎及降血脂等作用。作为一种天然的饲料添加剂，姜黄素在畜牧生产中具有良好的应用前景，有改善畜禽生产性能、提升产品品质、提高免疫力等作用。姜黄素是姜黄的有效成分，其广泛存在于姜科姜黄属植物（如姜黄、莪术、郁金等）的根茎中。

它是最主要的姜黄色素类物质，约占姜黄色素的 70%，为姜黄的 3%~6%。除姜黄素外，这一类化合物还包括脱甲氧基姜黄素（10%~20%）、脱二甲氧基姜黄素（10%）和六氢姜黄素等。

（二）姜黄素的生理功能

1. 抗氧化

当动物机体受到一些应激时，会破坏机体内自由基产生和消除的动态平衡，导致体内自由基过多，抗氧化酶活性降低。近年来的研究结果表明，姜黄素可以提高抗氧化酶的活性，从而缓解氧化应激对机体组织的损伤程度达到抗氧化功效，提高畜禽的免疫力。此外，姜黄素抗氧化作用还可提高肉的品质，延长肉保持新鲜的时间。

2. 抗菌消炎

姜黄素是一种二酮类化合物，具有一定的抗菌效果，对细菌、真菌以及酵母菌等多种微生物均有抑制作用，且对大部分细菌抑制效果佳，尤其是枯草杆菌、金黄色葡萄球菌和大肠杆菌；此外，姜黄素具有天然的抗炎成分，可抑制和治疗炎症。这可能是由于姜黄素可减轻炎性组织中性粒细胞的浸润，从而抑制炎性细胞前炎症细胞因子的产生。因此在动物的急慢性炎症中，姜黄素能起到很好的防护作用。

3. 促进消化吸收

姜黄素有特殊的香气，能促进唾液和胃液的分泌，增加食欲，也能促进肠胃蠕动，明显提高畜禽的消化功能，促进生长，增强生产性能。饲料中添加适量姜黄素可以显著提高肠道中蛋白酶和淀粉酶的活力，从而促进机体对营养物质的消化吸收。

4. 保肝利胆作用

姜黄素有保护肝脏的功效，可强化肝脏代谢功能，降低肝胆固醇。姜黄素可促进胆的生长和胆囊收缩，增加胆汁的生成和分泌。研究发现，在姜黄素对草鱼肝损伤修复作用研究中，通过组织病理观察发现姜黄素对肝损伤草鱼肝组织的病理改变有明显的改善、修补作用。

可见，在畜禽养殖中添加姜黄素对畜禽肝脏的保健有一定作用，同时可降低畜禽的肝脏发病率、降低死淘率等。

（三）姜黄素在蛋鸡生产中的应用

1. 提高产能，改善鸡蛋品质

姜黄素在蛋鸡中的应用主要包括两个方面：一是可提高蛋鸡的生产性能、免疫力以及改善肉品质；二是可以改善蛋的品质。研究表明，在蛋鸡饲料中添加 150mg/kg 姜黄素能降低蛋鸡的料蛋比，且破损率、产蛋率、死淘率无明显差异。

2. 抗应激，保健康

有研究指出，姜黄素能缓解蛋鸡的热应激。姜黄素提高蛋鸡的生产性能主要是通过提高抗氧化酶的活性增强蛋鸡的抗氧化性能来实现。酶的免疫功能和抗氧化作用的改善有助于改善产蛋性能和鸡蛋质量。

在热应激的海兰褐母鸡中添加姜黄素可提高抗氧化酶的活性并改善免疫功能。在饲粮中添加 200mg/kg 姜黄素能够有效缓解蛋鸡卵巢热应激。高温条件下，在蛋鸡日粮中添加 200mg/kg 姜黄素，能够显著提高产蛋率、增加蛋重，降低料蛋比，显著提高哈夫单位，对蛋壳厚度、蛋壳强度也有一定的提高，不同程度上提高钙磷含量，降低总胆固醇和甘油三酯水平，增加总蛋白和白蛋白含量。

在海兰褐蛋鸡产蛋高峰期日粮中添加 200mg/kg 姜黄素可有效提高生产性能，改善鸡蛋品质，在炎热气候条件下，提高机体抗氧化能力、免疫功能以及改善肠道健康效果明显。

3. 蛋黄着色

此外，姜黄素是一种天然黄色素，有很强的着色功能且不易褪色，因此可有效改善蛋黄的颜色。研究表明，在蛋鸡日粮中添加 150~250mg/kg 姜黄素，可以增强蛋鸡机体的抗氧化能力，添加 200mg/kg 效果最佳。

4. 补充膳食纤维

蛋鸡产前产后，每吨饲料添加 1% 姜黄素 10~15kg，除了提供了上述功能外，还可以补充膳食纤维，可以多角度提升肝肠功能，继而提升产蛋性能。

第七章

影响蛋鸡产蛋性能的因素及调整措施

第一节　影响蛋鸡产蛋率的因素及调整措施

蛋鸡产蛋率是养殖业中一个重要的经济指标，直接影响养殖户的收益和养殖效益。影响蛋鸡产蛋率的因素多种多样，包括饲料营养、疾病防控、生长环境、繁殖管理等诸多因素。为了提高蛋鸡的产蛋率，我们需要综合考虑这些因素，并采取相应的改善措施。本章将探讨这些因素的影响以及针对这些因素采取的改善措施，帮助养殖户更好地提高蛋鸡的产蛋率，从而提升养殖业的经济效益。

一、蛋鸡产蛋率的影响因素

（一）饲料营养水平的影响

蛋鸡摄入的营养水平决定了蛋鸡最终的生长发育、生产性能以及生长寿命，蛋鸡摄取的营养物质包括蛋白质、能量、氨基酸、维生素以及各种矿物质等。若日粮供应不足，则蛋鸡产蛋率会下降 10% ~ 30%，而蛋鸡长时间缺水，则会导致产蛋率下降 5% ~ 10%。首先，日粮中各种营养物质的配比会影响蛋鸡的生长发育情况，进而影响蛋鸡的产蛋率，例如当蛋鸡摄入的蛋白质或者氨基酸不足或者不平衡时，蛋鸡体内的蛋白质消耗与供应无法达到平衡，无法满足蛋鸡的生产所需，就会导致产蛋率降低，严重时甚至导致蛋鸡停产。其次，"能量决定产蛋率"，充足的能量摄取，是保证蛋鸡正常产蛋率的基础，若能量摄入不足，则蛋鸡产蛋率显著下降，甚至停产。如将能量含量为 2 750kcal 的饲料更换为 2 650kcal 的日粮，在采食量不变的情况下，蛋鸡产蛋率明显降低；维生素 A、维生素 E、维生素 D_3 等补充不及时或者蛋鸡摄入不足，也会影响产蛋率；矿物质参与蛋鸡体内各器官和组织的形成，若矿物质摄入不足，则会严重阻碍蛋鸡的生长发育，从而影响产蛋率，但蛋鸡日粮中钙含量低于 3.25%，而磷含量超过 0.5% 时，就会导致蛋壳质量和产蛋率明显降低。

（二）管理水平的影响

养殖场的饲养管理水平会直接影响蛋鸡的产蛋率，在蛋鸡成活率得到保证的情况下，蛋鸡体重达标的程度决定了蛋鸡产蛋性能的好坏，蛋鸡体重的达标情况反映了机体内生殖器官的发育情况，体重达标的蛋鸡，骨骼发育结实，性器官也达到成熟标准，定时开产时，才能保证较高的产蛋率。若母鸡的体重过轻，则说明蛋鸡营养不良，首先会导致蛋重降低，随后表现为产蛋间歇加长，最终导致产蛋率降低。而当母鸡过肥时，机体增长速度过快，导致蛋鸡的产蛋性能下降，同时会增加蛋鸡的死亡率。此外，蛋鸡群体的整齐度也对产蛋率有一定的影响，一般鸡群越整齐，其性成熟和开产时间越一致，蛋鸡产蛋高峰期持续的时间也会越长。

（三）环境因素的影响

首先，蛋鸡对养殖环境温度十分敏感，尤其是在高温环境中，会发生严重的热应激现象，导致产蛋率下降，且蛋品质降低，鸡蛋变小，且蛋壳表面变得粗糙，蛋壳变薄、易碎。当环境温度过低时，尤其是气温骤降，会导致蛋鸡的饲料利用率降低，出现营养不良的情况，最终影响产蛋量；通常将相对湿度维持在 50%~60% 即可保证蛋鸡不受影响，但要十分注意高温高湿的情况，避免热应激发生。其次，是鸡舍内的空气质量，当环境中有害气体的浓度过高时，会对蛋鸡的呼吸道黏膜造成刺激性损伤，诱发或者继发呼吸道疾病，从而导致产蛋率降低。另外，光照时间和光照强度会对蛋鸡的性成熟和排卵时间产生影响，进而影响产蛋情况。若光照的强度不固定或者长度改变，则会导致蛋鸡过早或者延迟开产，蛋的大小不均，产蛋率降低。

此外，养殖场内环境卫生不达标，会增加蛋鸡感染疾病的概率，一些细菌性、病毒性和寄生虫疾病均会影响蛋鸡的正常生长发育和产蛋效率。

二、提高蛋鸡产蛋率的调整措施

(一) 做好营养调控

科学的营养水平调控，能够高效地提升蛋鸡的产蛋率，养殖过程中不可随意更换蛋鸡的饲料配方，须根据蛋鸡的品种、特点、生长阶段、产蛋日龄和产蛋情况合理地调整日粮营养水平，按照一定的比例搭配各营养物质，确保蛋鸡营养摄入充足、均衡。在实际养殖过程中，可以以蛋鸡250日龄为分界点，250日龄以内的蛋鸡将饲料中蛋白质含量控制在16%~17%的较高水平，对于250日龄以后的蛋鸡则可以适当地降低饲料蛋白含量，可以将蛋白比例控制在14%~15%。保持日粮中合适的蛋白质和氨基酸水平，能够维持蛋鸡较高的产蛋率。另外，还须根据蛋鸡的产蛋情况及时地调整饲料蛋白的含量，例如一枚鸡蛋蛋白质含量为13%~15%，以采食量100g为标准，当产蛋率高于90%时，可将饲料蛋白质提高至18%；当产蛋率为80%时，可将蛋白含量调整为17%；当产蛋率在70%时，则调整为16%，以降低相应的饲养成本。若想提前蛋鸡的产蛋高峰期，则可将高蛋白饲料的饲喂提前，并在高峰期结束后，仍然饲喂高蛋白饲料，以提高产蛋率，同时保证饲料中氨基酸的水平，否则也会导致产蛋率下降。

能量蛋白比对于维持蛋鸡产蛋性能也十分重要，常规的高产品种，产蛋期饲料能蛋比的范围一般是168~172，能蛋比越低，鸡只体重越不理想。整个产蛋期尤其爬坡期，体重越小，能蛋比就要越高。开产体重大，能蛋比可以低一点，但并不是蛋鸡需要的能蛋比偏低，而是开产体重大，身体有储备，短期内不会透支太严重。此时可以适当放宽能蛋比范围。但必须把能蛋比做到符合品种要求，这样更为安全。

此外，适当增加磷酸氢钙、甲酸钙、微量元素和25-羟基维生素D_3，它们都有助于骨骼发育的长度粗度和提高骨骼的实质成分，这也是蛋鸡高产蛋率的保障。

（二）科学的饲养管理

由前文可知，蛋鸡的体重达标情况对蛋鸡的产蛋性能十分重要，必须将蛋鸡的体重控制在合理的范围内，才能保证较高的产蛋率。在养殖中如果饲养管理不当，非常容易出现因蛋鸡体重过大，脂肪积聚过多，而导致产蛋性能较差的情况。为了将蛋鸡的体重控制在合理的范围内，在养殖实践中可以采取限饲的措施，合理调控蛋鸡的饲喂管理，从而确保蛋鸡的体重合理。当前采用的限饲方法主要可分为限量法和限质法两种，其中以限量法的操作比较简单，直接通过限制蛋鸡的饲料供给量，即可调控蛋鸡的体重增长情况，从而达到将蛋鸡体重控制在合理范围内的目的，并且这种方式取得的限饲效果较为显著。限量法可分为每日限饲法、隔天禁食法、每周禁食 2d 以及综合限饲法等 4 种方式，其中每日限饲法需要将蛋鸡的日采食量减少至原来自由采食量的 75%~80%，并且每天只在早晨饲喂 1 次；隔天禁食法，采取提高饲喂量饲喂蛋鸡 1d，随后停止饲喂 1d，即隔天饲喂 1 次，但要确保在饲喂当天能为蛋鸡提供足够的能量；每周禁食 2d 法，是将蛋鸡正常情况下 1 周的饲喂量缩短到 5d 内饲喂完，剩下的 2d 对蛋鸡禁食，在禁食的 2d 当中，仅为蛋鸡提供必需的饮水，在大型规模化养殖场中，建议在周三和周六对蛋鸡进行禁食，操作简单易行，应用较为广泛；综合限饲法，是在蛋鸡育成期通过将上述多种限饲方法进行合理规划，综合利用，达到对蛋鸡限饲的目的。

限饲另一种常用的限质法，则是将蛋鸡中的营养物质含量减少，致使饲料中的营养组成发生改变，无法满足蛋鸡正常生长发育的营养需求，进而降低蛋鸡体内的脂肪堆积，延缓蛋鸡的体重增长。控制蛋鸡体重，需要根据实际情况进行调整，对于超重的蛋鸡进行限饲，而对于体重不达标的蛋鸡，则须提高饲喂量或者营养供应量，促进蛋鸡体重达到标准，以确保较高的产蛋率。

（三）加强蛋鸡的健康管理

蛋鸡的疾病管理工作应以预防为主，治疗为辅，养殖场可根据本厂内实际情况，安排疫苗接种计划，有效提高蛋鸡的特异性免疫能力，在养殖过程中密切关注蛋鸡的健康状态，及时发现并诊治，防止疾病暴发后诊治效果不佳。对于生病的蛋鸡，须在专业兽医人员的指导之下，科学用药治疗，并注意相应药物的休药期，以免因用药不当影响蛋鸡的产蛋性能。此外，还须加强养殖场的生物安全防控工作，防止外界病原微生物传入，造成蛋鸡感染疫病。

（四）加强环境管理水平

首先需要控制好鸡舍内的温度和相对湿度，在正常情况下，蛋鸡的适宜生长温度 18~24℃，适宜的环境湿度 50%~60%，防止因热应激或者冷应激导致蛋鸡产蛋率下降。在冬季寒冷季节可以使用薄膜将门窗封闭好，并在门上挂上厚门帘等，同时在鸡舍内部增加保暖设施，增加鸡舍内的温度；在夏季炎热的季节，则需要做好防暑降温工作，同时保持通风量，维持空气质量，还须降低蛋鸡的饲养密度。同时，需要加强鸡舍内外的环境卫生管理，可轮换使用 2% 的火碱、生石灰或者 0.5% 的新洁尔灭等消毒制剂进行消毒，每周消毒 2~3 次，还可以使用百毒杀等毒性和刺激性较小的消毒剂进行带鸡消毒，以减少病原微生物的滋生，降低传染性疾病的发生率，防止影响蛋鸡产蛋率。

另外，蛋鸡群极易受到外界环境的变化，并且胆小，易受到惊吓和刺激，在日常的饲喂、打扫、收蛋、疫苗接种等工作过程中，要注意保持环境安静，动作要轻，避免鸡群受到惊吓刺激，影响产蛋性能。养殖场还须进行定期灭鼠、防飞禽等工作，防止鸡群受到这些动物惊吓。

（五）科学使用添加剂

1. 植物提取物

通过添加一些富有多酚、多糖或者黄酮类的植物提取物可以有效提高蛋鸡机体的免疫能力，同时调节蛋鸡的生理机能，对延缓蛋鸡卵巢的衰老，进而提高产蛋率具有明显的效果。常用的植物提取物有大豆异黄酮、丝兰以及杜仲的提取物，一般杜仲提取物的添加量为饲料的 0.1%~0.5%，而丝兰提取物的添加量为饲料的 0.1%~0.5%，饲料中添加 0.5%~1.0% 的大豆异黄酮提取物，能够有效调节蛋鸡的生殖激素水平，对提高产蛋率效果明显。

2. 微生态制剂

微生态制剂可以改善蛋鸡肠道内的微生态环境，抑制有害菌的滋生，促进有益菌的繁殖，从而维持肠道菌群的平衡。这有助于提高蛋鸡对饲料的消化吸收效率，减少消化道疾病的发生，有利于提高蛋鸡的产蛋率。微生态制剂可以促进蛋鸡对饲料中营养物质的利用率，提高饲料的消化吸收效率，使蛋鸡更好地吸收营养，减少饲料浪费，从而有利于提高蛋鸡的产蛋率。此外，微生态制剂对于维持蛋鸡的生理健康也有积极的作用，有助于维持蛋鸡的消化功能、代谢能力和生理健康状态，提高蛋鸡的产蛋效率。

常见的有酵母、嗜酸乳杆菌、乳杆菌等，乳酸菌的添加量一般为饲料的 0.1%~0.5%，芽孢杆菌也可以作为饲料添加剂使用，添加量一般为饲料的 0.1%~0.5%。

3. 维生素

产蛋后期可根据蛋鸡日粮中的维生素含量，确定蛋鸡对维生素 D_3、鱼肝油以及 B 族复合型维生素的需求量，一般建议添加量为饲料的 0.1%~1.0%。

4. 功能性低聚寡糖

功能性低聚寡糖可以在肠道中为益生菌（如双歧杆菌和乳酸菌）提供生长的营养底物，从而促进这些有益菌的生长繁殖。这些有益菌能够产生有益的代谢产物，有利于提高肠道微生态平衡，降低肠道疾病的发生，并有助于提高蛋鸡的产蛋率。果寡糖是常见的功能性低聚寡糖，饲料中的添加量建议控制在 0.1%~0.5%。来源于干酵母细胞壁的甘露寡糖，也对蛋鸡免疫力和产蛋率的提升有一定的效果，建议添加饲料的 0.1%~0.5%。

第二节　影响蛋鸡产蛋高峰期的因素及调整措施

蛋鸡产蛋高峰期的持续时间是判断蛋鸡生产性能的一项重要指

标，当鸡群的产蛋率达到 80% 时即进入产蛋高峰期，而蛋鸡产蛋高峰期的稳定性和持续性一直是农业生产者面临的一个重要问题。

一、蛋鸡自身影响

（一）蛋鸡品种

蛋鸡的品种不同，其产蛋高峰期的持续时间也不同，即使是在养殖管理、营养供应等条件相同的情况下，不同品种蛋鸡产蛋高峰期的持续时间也不尽相同，并且在产蛋高峰期蛋鸡的产蛋率也会有所差异。

（二）蛋鸡体况

蛋鸡自身的体况对后期产蛋情况具有重要的影响，若雏鸡体况较差，生长发育迟缓，或者生殖器官生长发育不良，会导致成年蛋鸡无法产蛋，或者产蛋高峰期较短。对于体况健康、发育良好的蛋鸡，其后续生长发育过程中的体重和胫骨长的发育情况也会影响产蛋性能。例如蛋鸡在 5 周龄时，体重应达到 360g 左右，若体重不达标，则可能其自身发育受阻，影响后续的正常产蛋；而蛋鸡体重过大，体内脂肪堆积过量时，又会导致体内激素代谢紊乱，最终影响蛋鸡产蛋高峰期的持续时间。一般情况下，蛋鸡的胫长在 65mm 左右为宜，合适的胫长有助于蛋鸡的采食，并能提高饲料利用率。胫长太长或者太短，均会对蛋鸡的健康造成影响，导致蛋鸡输卵管炎或者脱肛等情况，严重时还可能导致蛋鸡死亡。

二、环境因素的影响

（一）温度

温度是影响蛋鸡产蛋高峰期的重要因素之一。过高或过低的温度都会对蛋鸡的产蛋能力产生负面影响。高温应激可导致蛋鸡的采食量下降，进而影响蛋鸡的产蛋率，并导致产蛋高峰期缩短；而温度过低，又会导致蛋鸡的热消耗增大，影响正常的产蛋性能。

（二）光照

光照条件对蛋鸡的生理活动和产蛋能力有重要影响。适宜的光照时间和光照强度能够促进蛋鸡的产蛋能力，光照太强或者强度过大会诱发产蛋疲劳综合征；而长时间的黑暗或轻度较弱的光照则会抑制蛋鸡采食，进而影响产蛋，导致高峰期缩短。

（三）湿度

适宜的湿度对蛋鸡的产蛋能力也有一定的影响。过高或过低的湿度会导致蛋鸡烦躁不安，进而影响蛋鸡产蛋率和产蛋高峰期，同时高湿环境也不利于环境温度的降低，容易诱发热应激反应。

（四）空气质量

蛋鸡舍内通风不良，空气质量差，均会影响蛋鸡的正常生长发育，进而影响产蛋高峰期和产蛋率。当鸡舍内的氧气含量不足 16% 时，容易诱发蛋鸡呼吸道性疾病，进而导致蛋鸡的产蛋率降低，产蛋高峰期缩短。

三、饲养管理的影响

（一）营养供应

饲料的质量直接影响蛋鸡的营养摄入和产蛋能力，若蛋鸡开产前的饲料营养供应不足，则会导致发育不良，或者群体发育不整齐，导致产蛋率降低，高峰时间段缩短，甚至无产蛋高峰期。若蛋鸡开产之后饲喂发霉变质、过期，或者营养不全的饲料，也会引起蛋鸡营养不足，发育受限，产蛋高峰期缩短，严重者甚至会因中毒而致死。

（二）饲养密度

合理的饲养密度有利于蛋鸡的舒适度和生长发育，进而提高产蛋率。过高的饲养密度会导致蛋鸡之间的竞争加剧，影响蛋鸡的产蛋能力。

（三）疫病防控

蛋鸡的健康状况与产蛋能力密切相关。定期进行疫苗接种和疾病防治，保持蛋鸡的健康状况，有助于提高蛋鸡的产蛋率。此外，养殖中的用药情况，也会影响鸡群的产蛋性能，例如当蛋鸡服用过量的硫黄类抗球虫药物后，会由于生长发育不齐，机体内分泌失调或者药物中毒等情况，而导致产蛋高峰期缩短。

四、改善措施

(一) 选好雏鸡

养殖场须做好相关调查，选择规模大、品种好、健康、发育情况良好、产蛋率高的雏鸡引种，并且在引种之前必须做好疫病流行调查，购买健康、疫苗接种完备的鸡苗，严禁引入携带病原体的鸡苗。此外，在运输鸡苗的过程中，要注意方式和车辆选择符合相关规定，避免引起雏鸡应激反应。

(二) 做好环境管理

首先养殖场须保证鸡舍内合适的温湿度，蛋鸡适宜的温度范围是18~25℃，超出此范围会导致蛋鸡产蛋率下降，适宜的湿度范围为50%~70%。根据蛋鸡的生理特性，合理调节光照时间和光照强度，使其与自然光照条件相近，有利于促进蛋鸡的产蛋能力。产蛋高峰期的适宜光照时间为16~17h，光照强度保持在10~15lx为宜。在养殖期间，在保证合适温湿度的前提下，鸡舍要定期通风，在冬季寒冷季节通风时，可将鸡舍温度提高2~3℃。

(三) 确保营养供应

根据蛋鸡的生长发育和产蛋需要，科学合理地优化饲料配方，提供全面均衡的营养，同时保证饲料的质量和新鲜度。根据 NRC 标准，蛋鸡饲料中粗蛋白的含量须维持在15%~16.5%，在21~42周产蛋高峰期须将蛋白质含量提升至18.1~18.4g/d，同时保证每只鸡每天3.75g 左右的钙，以及0.1%左右的钠和氯。产蛋高峰期，蛋鸡每天所需的能量在34~360kcal，其中蛋鸡自身维持消耗为100kcal/kg 左右，生产1g 鸡蛋所要耗能1.8kcal 左右。此外，养殖场还须根据蛋鸡的体况与健康情况，为其提供适量的微量元素，并在其中添加1%的砂粒，砂粒直径选择3~4mm 为宜。需要注意，在蛋鸡产蛋高峰期，需要为其提供优质饲料，确保蛋鸡的营养供给充足、均衡。

(四) 合理管理饲养密度

根据蛋鸡的品种和生长发育情况，合理管理饲养密度，避免过高的密度造成蛋鸡之间的竞争和压力，从而提高蛋鸡的舒适度和产蛋率。蛋鸡刚开始育雏时的饲养密度控制在 45 只/m² 为宜，此后可以每周减少 5 只/m²，直到蛋鸡育成期间将饲养密度控制在 12 ~ 13 只/m² 为宜。

(五) 疾病控制

首先，养殖场应加强环境卫生管理，严格控制外来车辆与人员进出，必须严格经过消毒程序方可进入生产场区。定期对鸡舍内部粪污、饲料残渣等进行清洁、消毒，同时将产生的废弃物和废水等进行无害化处理，减少病原微生物的滋生与传播。其次，养殖场需要根据疫病流行情况和本场实际情况，合理安排蛋鸡疫苗接种，可以有效降低传染性疫病的发生概率。最后，则须注意及时地发现异常鸡只，选择合适药物对症治疗，对于发病严重的及时淘汰。但要注意药物的选择和使用，必须按照相关规定，以减少蛋鸡的应激反应和药物所产生的毒副作用。

第三节 影响蛋鸡体重达标的因素及调整措施

蛋鸡的开产体重在一定程度上可以反映各器官的发育情况，若体重达标，则蛋鸡产蛋率和蛋品质会提高，死淘率降低；反之，产蛋率降低，产蛋高峰期缩短，蛋品质下降，死淘率升高。因此，蛋鸡群的平均体重能否达到正常的标准，对于蛋鸡的性成熟时间及后续的产蛋性能等具有十分重要的作用。通常来说，当整个鸡群中有 80% 的蛋鸡体重能够达到标准时，蛋鸡群基本可以充分发挥产蛋性能的遗传潜力。在实际养殖过程中，存在诸多问题，如营养不良、饲养管理不当、疾病因素等，会影响蛋鸡的体重达标，通过科学合理的调控措施，解决蛋鸡体重不达标的问题对提高蛋鸡养殖经济效益具有十分重要的现实意义。

一、影响蛋鸡体重达标的因素

（一）营养因素

蛋鸡在 5 周龄以前的采食量比较小，在有限采食饲料的情况下，蛋鸡从饲料中摄取到的能量以及蛋白质等营养成分能否满足机体的需要，成为影响蛋鸡体重在 5 周龄左右达标的重要因素。此外，蛋鸡所摄入的营养物质是否均衡也会影响其体重的正常达标，如饲料中的能量与蛋白质的比例失衡，缺乏能量、蛋白质或氨基酸，或者饲料原料的质量较差等，均会对其产生严重的影响。

（二）饲养管理因素

饲养管理情况对蛋鸡的健康生长非常重要，如蛋鸡的饲养密度过大，养殖环境卫生不达标，养殖环境温湿度控制不当，鸡舍通风不良，饮水、饲喂等安排不科学，有效光照时间不够等，均会引发蛋鸡出现应激反应，导致蛋鸡的正常生长发育受到抑制，从而使得蛋鸡的体重无法达到正常标准。

（三）疾病因素

在实际生产过程中，蛋鸡群非常容易受到多种疾病的侵袭，其中部分慢性疾病，如腺肌胃炎、鸡球虫病、肠胃炎以及滑液囊支原体等，虽然不会导致患鸡大批量快速死亡，但会对鸡群的生长发育以及生产性能造成严重的负面影响，最终导致蛋鸡的体重无法正常达标。

二、蛋鸡体重达标的调控措施

（一）营养调控

由于不同日龄、不同品种的蛋鸡体重标准以及所需要的蛋白质、能量等营养物质的量不同，养殖者应提前确定好当前日龄蛋鸡的体重与标准体重的差距，随后根据本养殖场内的实际情况合理地搭配调整日粮组成。

1~42 日龄：蛋鸡内脏和免疫系统的发育速度非常快，雏鸡的腺胃、肌胃、肝脏以及消化系统等都在迅速地生长发育，同时体重也会增长至破壳时的 6~7 倍。雏鸡对于蛋白质（氨基酸）的需要量较高，但需要同时保证能量饲料的饲喂量。对于 35 日龄之前的雏鸡，最好在日粮中添加 1%～1.5% 的大豆油，作为优质的植物油脂来源，而日粮中豆粕的含量应不低于 30%，如此可以满足蛋鸡正常发育所需要的蛋白质。如果 1～42 日龄的蛋鸡出现体重不足的情况，则配方调整优先考虑的是在不增加饲料体积的基础上，努力提高鸡只蛋白质、氨基酸的实际摄入量，同时保证要有与之匹配的能量供应，并提高饲料的适口性和饲料的消化利用率。如果是用的全价料要想办法提高采食量，或者适当延长光照时间促进采食。可在蛋鸡的日粮中添加 0.3% 的粗石英质砂粒，帮助蛋鸡磨碎、消化食物。

43～84 日龄：特点是骨骼、肌肉和羽毛的生长。在这个阶段结束时，虽然骨骼的 95% 已经发育完成，但蛋白质的摄入量仍然对体重有明显影响。到 84 日龄后（以体重为依据更为科学），蛋白质水平就降至次要位置，能量摄入成为第一要素。任何因素引起的能量摄入不足都会影响体重增加。此阶段不只要关注体重不足，还要观察胫骨的长度和粗度，这个阶段调整配方的思路是在促进胫骨发育的基础上，适量添加粗纤维，促进鸡群胃肠道的发育，同时蛋白质能量都适当提高更有利于体重的增长（注意蛋白能量比）。

105～120 日龄：鸡的卵巢、输卵管以及钙沉积的髓骨进入集中发育期。饲料中石粉的添加需要逐步提高，这样就会挤占玉米、豆粕的添加空间，在蛋白够用的基础下，优先提高能量，能量高更有利于体重和体能储备的完成。产蛋初期的体重决定淘汰鸡的体重、决定蛋的大小、决定终生产蛋量。以大午金凤为例，鸡群如果开产前体重能超标 100g，那么鸡群终生的产蛋率都高，淘汰鸡时体重也会大，耐粗饲，抗应激能力也强。

（二）饲养管理调控

鸡舍内的环境温度对于蛋鸡的正常生长十分重要，养殖场应根据蛋鸡的品种合理安排鸡舍内环境的温湿度，同时昼夜温差不可超过 2℃；环境湿度最好维持在 65%～75%，可根据当地的气候情况适当地喷水加湿，或者通风干燥。此外，鸡舍内还须保持良好的通风条件，避免积聚大量的氨气、硫化氢等有毒有害气体威胁蛋鸡的健康。

最后，鸡舍内的光照强度须控制在合理的范围之内，否则会影响蛋鸡的生产性能。

蛋鸡的饮水与分群也需要进行科学管理，通常，给蛋鸡饮用16~19℃的温水最为适宜，水温太高会影响蛋鸡的饮水量；其次是控制好蛋鸡的饲养密度，尽早分群，最好在14日龄时完成蛋鸡分群，同时按照免疫计划对鸡群进行免疫接种，增强蛋鸡的特异性免疫能力，避免疾病对蛋鸡的体重达标造成影响，最终影响蛋鸡的产蛋性能。

第四节　蛋鸡采食量高的影响因素及调整措施

蛋鸡养殖过程中常见的两个问题，一是淘汰鸡体重小，二是上高峰后产蛋率波动，其实这两个问题都与鸡群的采食量有很大的关系。相同品种淘汰鸡体重大，相对来说是吃得多或者生产性能低。而上高峰以后出现的产蛋率波动，大部分的原因是爬坡期采食量低，饲料营养无法完全满足自身需求，机体被迫动用身体储备。爬坡期采食量偏低是影响营养摄入量的主要原因，理论上说120~150日龄采食量提高40%最有利于体重和产蛋率。上高峰阶段想让鸡多吃，但鸡吃不进去那么多，高峰后期想让鸡少吃，鸡却采食量很大。这就是理论与现实的矛盾，这种矛盾也影响着鸡群的生产性能和经济效益。上高峰阶段采食量偏低会影响上高峰速度和上高峰以后的产蛋稳定性甚至抗病力，还容易导致高峰后期采食量大、料蛋比高。高峰后采食量偏大，料蛋比高，易发脂肪肝，死淘增加。鸡群采食量大的主要原因如下。

一、青年鸡发育阶段采食量大

青年鸡阶段，体重、胫长是我们关注的重点，其实采食量也是重要指标之一。在1日龄至5周龄，雏鸡的采食量还不能根据能量水平调节。10周龄以后，鸡对饲料营养浓度更敏感，能够根据饲料的能量水平来调节自己的能量摄入量。10~17周龄的目标是训练雏鸡的胃肠道发育，既要发展肌胃的最佳消化功能，又要训练雏鸡的进食能力。如果鸡得到良好的进食训练，将有助于它们在开产后的前几周能够增加40%的饲料消耗，从而更顺利地进入产蛋期。育成期使用富含粗纤维的原料，对嗉囊大小，乃至整个消化道发育和青年鸡培育期的食欲都具有积极影响。育成料营养水平可调控范围比较大，因为育成料既可以用来增重，也可以用来控制体重，既可以增加鸡的进食能力，又可以控制鸡的进食能力。这里的营养水平是指饲料的营养浓度水平，而非能量蛋白比。育成期阶段采食量大的鸡群如果能够超过标准体重15%~20%，开产后上高峰速度和蛋重都会非常理想。但缺点是料蛋比偏高、体脂多，严重者会出现脂肪肝。对于开产初期采食量偏低的鸡群，通常需要在饲料和管理以外再采取单一措施或联合措施，如饲料中添加辣椒增加食欲、午夜饲喂提高采食量以及保持能蛋比不变提高营养浓度等。让鸡拥有一定的采食能力，从而保证摄入充足的营养，全部依靠使用饲料营养上高峰，而非饲料营养加体能储备上高峰，是育成期到产蛋高峰的一项重点工作，这项工作的重要性常常被忽视。在养殖现场表现为饲料配方调整的随意性，比如不使用糠麸等富含粗纤维的原料，重蛋白轻能量导致饲料能蛋比失衡，鸡群体能储备不足。

二、鸡群阶段性身体透支过后疯狂吃料

（一）夏秋季节交替影响采食量

夏季高温采食量降低，秋季采食量激增。每年的秋季，鸡群会增大采食量，其深层原因是夏季高温高湿导致采食量严重偏低，机体透支。夏季过后，鸡群为了弥补透支的身体才表现出采食量大幅提升，这是鸡的一种本能，也是一种被迫行为。鸡既要保障自身日常能量供应，又要产蛋，就必须借助天气凉爽时疯狂吃料。尤其是新玉米上市后会更加严重，新玉米水分大，醇溶蛋白和抗性淀粉含量高，导致消化吸收率大幅降低，这种饲料能量利用率下降，而此时鸡体又恰恰需要补充能量，再加上温度降低维持需要增加，各种因素叠加就导致采

食量偏大，并且会伴随终身。

（二）鸡进入产蛋高峰期后采食量会增加

大部分鸡群都存在开产阶段采食量偏低的问题，如果没有及时根据采食量来调整饲料营养浓度或采取刺激采食的措施，鸡群只能透支体能去完成产蛋率和蛋重的增长。另外，如果此时玉米质量不达标、室外气温低、盲目加大豆粕添加量等都会加剧鸡群能量短缺，导致身体透支发生得更快、更严重，具体表现就是高峰迟迟上不去或上高峰后的产蛋率不稳定。大家都说鸡因能而食，其实因能而食并不适合所有鸡。体能储备不够，即便提高饲料能量，它也不会立即降低采食量。身体严重透支的鸡只，即便饲料代谢能提高 100~200kcal，采食量也不会短时间就降下来。

三、温度低也增大鸡的采食量

寒冷季节，鸡维持营养需要增加采食量。关于温度对能量需求的影响，比较准确的估算为：22℃以下每降低 0.5℃，每只鸡每天的能量需求增加 2kcal。在饲料代谢能不改变的情况下，鸡必须加大采食量来满足维持体温和产蛋需要。而此时，一部分养殖场开始使用新玉米，新玉米水分含量高、抗性淀粉含量高，影响代谢能。市场上销售的新玉米虽说都是经过晾晒或者烘干的，但水分多在 15%~16%，甚至 17%。玉米水分每增加 1%，代谢能减少约 40kcal/kg。抗性淀粉（又称抗酶解淀粉、难消化淀粉）在小肠中不能被有效酶解。新玉米中存在着的大量抗性淀粉，在动物体内不容易被消化吸收。本应调高能量蛋白比却会因新玉米水分含量高、抗性淀粉含量高而导致能蛋比变低，这更加剧了鸡群采食量的增加。

如果饲料能量水平和饲喂量都没有增加，能量供应持续得不到满足，鸡只就会动用体脂来满足生产需要，体脂动用的同时豆粕也会部分作为能量使用，逐步让鸡群走向体重下降、蛋重下降、产蛋率下降的恶性循环。

四、调整措施

一般情况下，在蛋鸡 30~35 周后，需要控制鸡群采食量偏大的问题，在此之前一定要在营养上适当调控饲料能量供应量。鸡体一旦严重透支，胃口就会变大，无论我们给它多高能量的饲料，它都会吃进去超过需求的营养，以弥补之前的亏空。控制体重和采食量超大的鸡群，营养摄入如果每天可以做到精准控制最好，如果做不到，可以考虑每 7~10d 减喂一次饲料。需要结合鸡群具体情况选择天数。7d 减喂一次饲料等于少喂 5%，10d 减喂一次饲料，等于少喂 3%。在营养细节上要挑选优质玉米，根据蛋形指数和季节变化调整饲料能量蛋白比，在任何时候都要保证鸡群体能储备充足。

只有体能储备充足的鸡群，才能发挥因能而食的本能，否则因能而食就会变为一句空话。要记住的是，采食量偏大通常出现在饲料能蛋比不平衡和身体透支的鸡群，而体能透支大部分原因要归结为饲料营养浓度低或能蛋比不平衡。根据鸡群状况和生产性能调整好饲料浓度和能蛋比，避免鸡群出现体能透支是发挥蛋鸡遗传生产潜力的基础，体能透支的鸡群面临疾病和生产性能下降等风险，值得大家警惕。

第五节 影响蛋鸡蛋重的因素及调整措施

实际生产中，在同样饲养条件下所获得的蛋重往往不同，造成这种情况的原因十分复杂，其中就包括蛋鸡的遗传、生理健康、营养以及饲养管理等因素的影响。分析影响相同日龄蛋鸡蛋重的原因，可以帮助养殖者根据养殖实际找到解决对策，从而提高蛋鸡养殖的经济收益。

一、影响蛋鸡蛋重的原因

（一）遗传因素

蛋鸡的品种不同所产的鸡蛋大小和蛋重会存在较大的差异，通常情况下中大体型的蛋鸡要比小轻型的蛋鸡所产蛋重大一些。同时蛋壳的颜色也会影响鸡蛋的蛋重，一般来说褐色壳系的蛋鸡比白色系的蛋重要大些。

（二）开产日龄

开产日龄是影响蛋鸡蛋重的重要因素之一，蛋鸡的开产日龄过早或者过晚均会影响产蛋性能，导致产蛋量降低，蛋重也偏小，并且通过后期的饲养管理也无法弥补，这种影响不可逆。实践表明，随着开产日龄的增大，中后期的蛋重会越大，每推迟开产 1d，蛋鸡的蛋重会增重 0.1g。但蛋鸡开产日龄过晚，又会影响到蛋鸡的综合产蛋量，也不利于蛋鸡的经济收益。

（三）生理因素

在养殖过程中，开产日龄、光照时间以及体重是影响蛋重的三要素，三者互相影响，互为因果。蛋鸡的开产体重与蛋重呈正相关关系，例如褐色壳系的蛋鸡达到性成熟时与青年鸡相比，体重相差 80g 左右，而蛋鸡的平均蛋重则相差 1g，这表明蛋鸡的体重直接影响到蛋鸡的蛋重。蛋鸡的增重是长期增重积累的结果，这就意味着蛋鸡机体消化、免疫以及生殖等各项组织器官的合理发育，即蛋鸡开产体重的影响，实际上是蛋鸡各内脏器官的发育情况对蛋重的影响。

1. 消化道发育对蛋重的影响

通常来说蛋鸡的消化道包括嗉囊、腺胃、肌胃、十二指肠、小肠以及盲肠等结构，正常健康的肠道发育，应具备肠道菌群平衡、各项消化功能完善、无任何肠道疾病等条件，健康的肠道结构才能保证蛋鸡机体对营养物质的消化、吸收能力，保证蛋鸡能够摄入充足、均衡的营养物质，如此蛋鸡才能获得更加优良的体重情况。

2. 肝脏对蛋重的影响

肝脏是机体内重新合成氨基酸、促进脂肪代谢的重要器官。正常的肝脏可以促进氨基酸的合成与转化，促进蛋白质的合成。而鸡蛋的蛋清和壳膜等物质主要是由蛋白质等物质合成，增加机体蛋白质的含量能够有效提高鸡蛋中蛋清黏蛋白的占比。黏稠的蛋清则可以增加蛋重。此外，正常的肝脏可以加快体内脂肪的分解与代谢，进而降低蛋鸡脂肪肝的发生率，而分解后游离的脂肪酸能够更多地沉积脂肪到蛋黄内，如此蛋黄就会变得更大，也可以有效提高蛋重。

3. 输卵管对蛋重的影响

蛋清主要产生于蛋鸡的输卵管，蛋清又是蛋重的重要组成部分，可见蛋鸡的输卵管发育情况对蛋重十分重要。当蛋鸡接受光照刺激过快、过早时，可以对卵泡产生显著刺激，而当卵泡发育成熟以后即会脱落产蛋，若此时输卵管尚未发育成熟，则会影响蛋清的形成。如果蛋鸡受到的光照刺激过早，致使卵泡脱落过早，而输卵管发育尚未成熟，甚至会发生"第一枚蛋憋死鸡"的情况，即使再饲喂高蛋白的饲料，也很难取得合格的蛋重。

"工欲善其事，必先利其器"这句古话是对开产前以内脏器官发育为代表的体重对蛋重影响终身的最好总结，开放式鸡舍顺季育雏无法改变自然光照时间长这个"因"，我们要想办法去影响体重这个"果"。

（四）营养因素

蛋鸡获得营养的情况，对蛋重非常重要。

1. 固体营养对蛋重的影响

能量是控制蛋重的主要营养因素，在产蛋初期能量对蛋重的影响大于蛋白质。生长期和开产初期适当提高能量水平，可以使开产时的体重和体能储备较为充分，因而可以提高产蛋初期的蛋重。粗蛋白增加会提升鸡蛋的蛋白质含量，相应地，也会提高鸡蛋的重量。过量的蛋白虽然会提高单枚蛋重，但会有大量不能为鸡体利用的蛋白质，以氨基酸的形式经过肝脏进行分解代谢，含氮的部分会形成尿酸盐，而脱去含氮基团的部分会以脂肪酸形式沉积于肝脏或腹腔脏器的周围。这就为后期的脂肪肝甚至高死淘率埋下伏笔。其他营养元素，如 B 族维生素、胆碱、甜菜碱不足，会妨碍蛋氨酸的利用，从而增加蛋鸡对蛋氨酸的需要量，如果此时恰巧蛋氨酸不足时也会影响蛋重。也有把采食量、环境温度列入蛋重影响因素之中的，二者作用的结果导致以上营养摄入的变化，从而影响蛋重，归根结底还是营养对蛋重的影响。

2. 液体营养——水对蛋重的影响

饮水不足及水质不好会影响蛋重，足量的水对维持鸡的大量产蛋和蛋的正常大小是很主要的，鸡蛋含水分为 65% 左右，每生产一个蛋，需要 340mL 水，饮水量的微小变化，对蛋的重量将产生很大的影响。特别是产蛋高峰及环境温度较高时，更不能断水。当水不足能引起产蛋量和蛋重的下降，断水应激需要很长的恢复期。产蛋鸡 H型笼一般 1min 饮水器乳头出水量不低于 60mL，A 型笼每分钟乳头出水量不低于 90mL。

（五）管理因素

蛋鸡受到外界环境的不良刺激后，会产生严重的应激反应，导致产蛋量降低，蛋重减轻。特别是在夏季高温季节，蛋鸡容易出现热应激的情况，就会导致蛋重普遍减轻。这主要是由于夏季高温环境下，采食量显著降低，无法维持正常的生理代谢。当蛋鸡舍的环境温度高于 25℃ 时，环境温度每提高 1℃，则蛋重会下降 1%。此外，鸡舍的环境卫生条件也会对蛋重产生重要影响，环境卫生差，光照不合理同样会降低蛋重，同时还可能诱发禽类疾病，不利于蛋鸡健康。

（六）疾病和健康

鸡群抗体水平低，免疫力低下，突然或者持续应激，某些疾病感染期或者后遗症都会使蛋重不规律。另外，用药不当也会使蛋重减轻。

二、解决对策

（一）选择优良的品种

养殖场可以优选高产的蛋鸡品种进行饲养，例如海兰褐壳蛋鸡具有生长发育速度快、自身代谢速率旺盛、产蛋性能好、蛋重大以及产蛋高峰期较长等优势，可以保证较高的产蛋率，维持合格蛋重，提高养殖场的效益。

（二）控制育成鸡的体重

当前大多数养殖场饲养的蛋鸡是早熟品种，这就导致蛋重比较轻，特别是体型小、体重轻的蛋鸡蛋重更轻。因此，在饲养管理过程中，需要控制好育成蛋鸡的体重及生长发育情况。如果发现育成鸡的体重尚未达标，则须加强饲养管理，推迟更换饲料，同时推迟增加光照强度和时间，以达到推迟蛋鸡开产时间的目的。此外，蛋鸡群的整齐度对维持蛋重的均匀度非常重要，应保证鸡群中90%的蛋鸡体重处于平均体重±10%的范围内，养殖场可以保证得到比较均匀的蛋重。

（三）科学饲喂

在产蛋初期，适当升高能量和氨基酸有利于提高体能储备和高峰的高度，蛋白不建议太高。

在产蛋中期，200～400日龄建议采用适当偏高的蛋白质水平，以矫正蛋重偏小和充分挖掘产能。

在产蛋后期，400日龄以后，部分品种360日龄以后就要适当降低饲料中蛋白质水平，以防止蛋重过大，为更长的高峰期和优秀的蛋壳质量打基础。多种均衡的氨基酸能有效提高蛋白质的合成速度，更贴合蛋鸡的营养需求。多种平衡氨基酸的添加能够有效提高蛋重，单一某种氨基酸的提高虽然也会对蛋重的提高有所帮助，但也会像增加粗蛋白一样对肝肾系统产生压力。值得注意的是，体重是影响产蛋初期蛋重的关键因素，蛋白质和氨基酸对产蛋初期的蛋重影响较小。

在产蛋初期，添加亚油酸多的油脂可以增加蛋重，亚油酸摄入量每只鸡1.68g/d和2.75g/d时蛋重相差0.4g。假设有一种脂肪酸不足时，肝脏就必须利用淀粉合成它，所以，如果能够提供与蛋鸡营养更为匹配的多种脂肪酸，会给产蛋率和蛋重提升增加更多的动力，并且更有利于维护肝脏功能和肝脏健康。

（四）加强管理

蛋鸡养殖的环境温湿度、通风条件以及光照等均会对蛋重产生影响。首先，如果蛋鸡在18周龄时的体重未达到开产标准，则须适当推迟光照的时间、强度，以推迟蛋鸡性成熟的时间，等到蛋鸡体重达标时再进行开产。其次是做好夏季和冬季鸡舍的温湿度控制工作，避免蛋鸡发生应激反应。鸡舍内的粪污和剩余的饲料残渣应及时清除，并做好日常的消毒计划，避免鸡群感染疾病，影响产蛋性能。另外，鸡舍内的环境相对湿度最好能够维持在 60%~70%，同时保持鸡舍内良好的通风换气，保持鸡舍的空气清新，避免外界应激所造成的蛋重异常。

第六节　影响蛋壳品质的因素及调整措施

蛋壳质量是衡量鸡蛋品质的重要指标，改善蛋壳质量是一个系统工程，问题一旦出现，需要综合分析，找到问题根源，才能快速提升蛋壳质量。很多蛋壳质量问题与当下的营养和鸡只健康状态有关，也有很多蛋壳质量问题的根源可以追溯到 6~12 周龄的皮质骨发育期和 15~24 周龄的髓质骨发育期。

一、鸡在 6~12 周阶段，周增重对产蛋后期蛋壳质量的影响

（一）影响因素

鸡在 42~84 日龄发育皮质骨，以海兰褐、京红等品种为例，如果周增重达不到 100g，皮质骨就得不到很好的发育。骨骼发育不良，不只是骨骼长度问题，还有骨骼粗度和骨成分等问题。骨骼长度就是平时说的胫长，它是最直观的指标之一。对于蛋鸡而言，如果皮质骨短粗，会影响髓质骨的容积，无法储藏更多的骨髓钙，骨髓钙不充盈，产蛋后期会比正常发育的鸡群提前出现蛋壳质量问题。小体型品种的鸡骨骼方面的缺陷更为明显，更要注意周增重。

（二）调整措施

改善或者避免这种情况的出现，除了满足能量、蛋白质、氨基酸营养以外，充足的钙磷营养和与之匹配的其他营养元素都不可或缺。适当增加磷酸氢钙、甲酸钙、微量元素和 25-羟基维生素 D_3，它们

都有助于骨骼发育的长度、粗度和提高骨骼的实质成分。在其中，有效磷的供应量必须满足，植酸酶能挖掘 0.1%~0.12% 的有效磷。在 42~84 日龄要保证 0.9%~1% 的钙，0.43%~0.45% 的有效磷，小体型鸡对有效磷的需求更高一些。25-羟基维生素 D_3 可使皮质骨、骨小梁及骨髓的体积都增加，促使禽类使用所有的骨骼矿物质连接来形成一个更大的骨头，而不是一个小而密的骨头。这个作用对小母鸡很有意义，因为它为后期矿物的沉积提供了更多的空间，这在产蛋之前是非常必要的。

鸡在 84 日龄后骨骼发育的强度降低，可以适当降低有效磷的量。钙的供应量不要盲目加大，育雏育成期石粉添加量过大，导致鸡体对钙的保留能力下降，这种变化也会导致产蛋期蛋壳质量不理想。适当降低钙和磷的浓度可以让鸡的采食量增加，或者也可以理解为采食量大，钙磷浓度可以适当降低一点。如果骨骼发育得不理想，就不要降低钙磷浓度，还要保持合适的钙磷比例。

从鸡 90 日龄开始，要考虑增加一些与之前石粉颗粒大小不同的钙源，补充颗粒度不同的石粉，有助于鸡只自行选择自己需要的那份钙源，为第三根主翼羽退换后的髓质骨发育做营养准备。

二、鸡在 15~25 周龄阶段，髓质骨发育对产蛋后期蛋壳质量的影响

（一）影响因素

髓质骨，一种现今仅存于雌性鸟类的特殊骨组织结构。在鸟类繁殖期，雌性鸟类需要大量的钙元素制造蛋壳，而大部分情况下，日常摄入的钙很难满足要求。髓质骨正是在这种情况下，为产卵过程提供钙质。髓质骨在产蛋前不久形成并维持到产蛋期结束，直至下一个产蛋过程又重新形成（比如换羽），在体内起到"钙库"的功能。

蛋鸡在性成熟前主要发育皮质骨和网质骨，髓质骨随着卵泡的发育开始发育，大约在它们开始产蛋前两周，并逐渐填充骨髓腔。在此期间，母鸡的骨骼重量增加 20%。蛋鸡产蛋时，蛋壳中的钙质有 35%~40% 来源于骨，其中大部分来源于髓质骨，当髓质骨不足以提

供足够钙质时，皮质骨和网质骨被吸收，蛋鸡逐渐发生骨质疏松，并影响蛋壳品质。

（二）调整措施

通常认为第三根主翼羽退换后，生殖系统已经自主启动发育，骨髓钙也随之开始加速形成。这样就打破了之前只发育皮质骨时的钙磷平衡［钙和有效磷比例为（2~2.2）∶1］。生殖系统开始发育的鸡，就需要更多的磷和粉末状钙来形成"骨髓钙"。如果此时我们没有适当提高磷和粉末状钙的供应量，就不利于骨髓钙的储备。如果此时只有大颗粒钙，即便磷再充足，也不利于快速形成骨髓钙，还会加剧生理性拉稀的出现和严重程度，这也是从预产期就要给鸡群提供一定比例精细石粉和粗石粉的道理。

这种磷和有机钙的提供方式，至少一直加到鸡180日龄，有些小体型品种鸡对这种形式的营养补充会伴随终生，否则就很容易出现瘫鸡、蛋壳质量提前变差、淘汰期断腿、断翅等问题。

三、光照刺激时间对产蛋后期蛋壳质量的影响

（一）影响因素

具备优秀生殖系统的母鸡，有能力带来持久优秀的鸡蛋品质，并且会在更低的蛋白摄入时依然可以获得更多的产量。在鸡105~126日龄，一定要给输卵管充足的时间，让输卵管充分发育，让卵泡自然生成。

（二）调整措施

鸡105日龄，在体重和主翼羽替换都符合要求的情况下（≤2根），可以启动第一次加光。在输卵管充分发育后再加光刺激卵泡发育，这样做可以大幅减少未来烂鸡蛋出现的概率，对预防包括水印蛋在内的蛋壳质量问题和脱肛都有帮助。研究发现，与其他产量较低或蛋壳质量较差的母鸡相比，产量高且蛋壳质量好的母鸡更重，子宫（壳腺）略大。

另外，光照会刺激髓质骨发育的集中度，符合加光条件及时进行第一次加光并配合饲料钙的增加更有利于"骨髓钙"的沉积，这些

措施都会对未来的蛋壳质量和鸡蛋品质提供强有力的保障。

四、环境温湿度的影响及调整措施

（一）影响因素

若鸡舍的温度过高，则会导致蛋鸡出现热应激反应，导致蛋鸡的采食量严重下降，进而影响钙的吸收和蛋壳的质量。当鸡舍内温度太低时，虽然蛋鸡的采食量增加，但是机体内的大部分营养物质均被用于抵御寒冷，营养物质的利用不足，同样会影响蛋壳的质量。

高湿（特别是高湿高温环境下）会导致蛋鸡出现严重的热应激反应，影响蛋鸡的产蛋率和蛋壳的质量。但是在高湿较冷的环境中，鸡蛋的内外又非常容易长出霉斑。

（二）调整措施

温度对于蛋壳质量的维持十分重要，在一般情况下，饲舍温度控制在 17~24℃ 为宜。如遇到气温骤降，或者阴雨天时，则需要及时加强鸡舍的保温措施。在夏季高温潮湿的季节，还需要加强降温和除湿等措施，避免引发鸡群的热应激反应，影响蛋壳的质量。

第七节　蛋壳颜色的影响因素及调整措施

蛋壳颜色可能影响人们对鸡蛋品质的认知。一些消费者可能认为深色的蛋壳鸡蛋更健康、更新鲜，而浅色的蛋壳鸡蛋可能被认为质量不佳。因此，农场主可能会根据市场需求选择鸡蛋的蛋壳颜色来养殖。一些研究表明，粉壳或者红壳等深色鸡蛋相对更受消费者欢迎。蛋壳颜色的影响因素较多，除了蛋鸡自身的遗传因素，饲养管理、环境、营养供应等外界因素也会影响蛋壳颜色的形成。

一、蛋壳颜色的形成机制

鸡蛋蛋壳颜色的形成机理与鸡的品种有关。鸡蛋的蛋壳颜色主要受赤褐色素和蓝绿色素两种颜色素的影响。赤褐色素主要为血红素和胆红素的氧化产物，其在皮层内形成，使得蛋壳呈现出棕红色，血红素和胆红素是由饲料中的色素或者其他维生素通过代谢合成产生的。这种颜色素主要是由于鸡的品种和遗传因素决定的，同时也受到饲料营养等因素的影响。另外，食物中的某些成分也可能会影响赤褐色素的生成。蓝绿色素的形成与遗传因素也有关，它主要是由于鸡体内的胆红素变异代谢生成的胆衍酸所形成，这种颜色素通常使蛋壳呈现出蓝色或者绿色。

二、影响蛋壳颜色的非遗传因素

(一) 营养因素

饲料营养对鸡蛋蛋壳颜色有一定的影响，鸡蛋蛋壳颜色的形成主要受到几种关键营养成分的影响，包括饲料中的脂溶性维生素和矿物质。矿物质中的钙、磷、锰等元素对蛋壳的颜色有影响。钙是蛋壳的主要成分，充足的钙能够使蛋壳坚硬、结实，同时也有助于蛋壳颜色的稳定。锰是合成鸡蛋蛋壳颜色的必需微量元素之一，适量的锰可以促进蛋壳色素的合成，从而影响蛋壳的颜色。

维生素 A、维生素 D 和维生素 E 等脂溶性维生素在饲料中的含量和平衡也会影响鸡蛋蛋壳颜色。维生素 A 和维生素 D 对蛋壳颜色的形成有一定的影响，适当地添加能够促进鸡蛋蛋壳色素合成，维生素 E 则有助于维持蛋壳色素的稳定性，脂溶性维生素的合理配比能够影响鸡蛋蛋壳颜色的均匀性和稳定性。维生素 D_3 对蛋鸡吸收钙、磷等营养物质有较大的影响，而过多的维生素 C 会导致蛋壳变厚，维生素 B_6 和维生素 K 在蛋壳颜色的形成过程中也发挥着较为关键的作用。

合理的饲料营养配比对鸡蛋蛋壳颜色是非常重要的，适量补充脂溶性维生素和矿物质可以帮助提高鸡蛋蛋壳颜色的均匀性和鲜艳度。

(二) 环境因素

研究表明，充足的光照可以促进鸡蛋中胆固醇的合成，影响蛋壳颜色。因此，充足的光照可以促进蛋壳颜色的形成。季节的变化也可能影响蛋壳颜色，一些研究发现，鸡蛋的蛋壳颜色在不同季节可能会有所不同，尤其是在草料饲养的情况下，这可能与鸡蛋中色素的含量在不同季节有所变化有关。温湿度等气候因素也可能影响蛋壳颜色，尤其是在放养方式下。潮湿的环境可能会影响蛋壳颜色的均匀性和稳定性。

（三）应激反应

蛋鸡对外界环境的噪声、密度以及剧烈的气候变化等非常敏感，容易出现应激反应。应激反应也可能会对蛋鸡蛋壳颜色产生影响。当蛋鸡受到应激时，可能会导致蛋鸡的生理状态发生变化，进而影响产蛋过程中色素沉积的规律和蛋壳颜色的形成。应激状态可能会导致蛋鸡体内激素水平的变化，例如肾上腺素和皮质醇等应激激素的水平升高，这些激素的变化可能会影响蛋鸡的生理代谢和营养吸收，进而影响蛋壳颜色的形成。此外，在应激状态下，蛋鸡可能会出现生理活动的变化，例如进食量减少、新陈代谢紊乱等，这些变化可能也会对蛋壳颜色产生一定的影响。应激状态对蛋鸡蛋壳颜色的影响可能是通过多种生理变化和代谢途径来影响蛋壳颜色的形成。

因此，在养殖过程中应保持环境安静，饲养环境良好，为鸡群提供一个适宜的生活环境，以避免应激反应对蛋鸡造成的影响。

（四）蛋鸡周龄

蛋鸡的周龄对蛋壳颜色有一定的影响。在蛋鸡的生命周期中，蛋壳颜色可能会随着蛋鸡的生长和发育而发生改变。一般来说，蛋鸡开始产蛋后，刚开始产蛋时所产的蛋壳颜色较浅，随着蛋鸡的成熟，蛋壳颜色会逐渐加深。随着蛋鸡的发育和成熟，其内分泌系统和生理状态会发生较大变化，这些变化可能会影响蛋壳中色素的沉积和分泌。另外，随着蛋鸡周龄的增长，其摄食量和营养需要会有所变化，这可能会影响蛋鸡体内色素的合成和沉积，从而影响蛋壳颜色。

（五）药物

部分养殖场可能给蛋鸡长期使用抗氧化、抗生素或生长促进类的药物，会对蛋鸡体内氧化代谢产物的去除和代谢过程，以及蛋鸡的生理状态产生影响，从而影响蛋壳色素的合成。

在养殖过程中，养殖者应合理用药，尽量减少化学药物的使用量，避免对蛋鸡造成负面影响。

第八节　影响蛋鸡肝肠健康的因素

肝脏与肠道的联系十分紧密。就血液供应来说，肝脏全部供血的70%左右来自门静脉，而门静脉的血液大多来自肠系膜静脉，在这些静脉血管中常含有来自消化道的代谢产物和肠道微生物产物。一旦肠道的屏障功能被破坏，会导致大量肠源内毒素进入肝脏，引起肝脏细胞脂肪样变性甚至肝组织坏死性炎症。肝脏损伤会使胃酸、胆汁酸等消化液分泌减少、肠蠕动减弱，继而使肠道菌群过量繁殖导致菌群失调。此外，肝脏产生的大量炎性因子，会破坏肠黏膜细胞的紧密连接，进一步增加肠黏膜的通透性。肠的屏障功能是机体与外源性物质接触的"第一道防线"，肝脏固有免疫系统的清除和解毒功能是机体的"第二道防线"，对机体内环境稳态的维持至关重要。

肝肠作为机体的营养吸收转化器官，影响着家禽的健康和生产性能，决定着养殖场的经济效益。而肝肠作为机体与外源性物质接触的两道防线，每天都受到外源有害物质的侵害，如何减少或避免外源性有害物质对肝肠的侵害至关重要。

一、做好霉菌毒素的防控工作

霉菌毒素是肝肠健康的共同危害因子，既可以导致肝脏损伤，也可以造成一系列的消化道疾病。

（一）霉菌毒素的特点和危害

在饲料原料的收获储藏、生产加工和运输储存中，霉菌毒素会对饲料造成不同程度的污染，即使看上去质量不错的饲料，也可能存在霉菌毒素污染。霉菌毒素看不见、摸不着，而且具有微量性、协同性、蓄积性和诊断困难性。

霉菌毒素对蛋鸡的危害取决于饲料受污染程度、霉菌毒素种类和浓度以及家禽日龄大小等。不同地区、不同年份原料含有的毒素种类和含量并不完全一样。比如 2022 年玉米赤霉烯酮和呕吐毒素超标率在 90% 以上。非正常成熟的玉米，玉米赤霉烯酮和呕吐毒素往往会超标。

轻度霉菌毒素污染会导致家禽生长减慢、采食量下降、均匀度差、蛋壳质量下降等。霉菌毒素还会引起口腔溃疡、肌胃溃疡、免疫力下降、霉菌肝，重症会导致急性疾病甚至死亡。

（二）畜禽霉菌中毒的原因

霉菌毒素存在两种形态，结合态和游离态，我们在检测饲料及原料时，只能把游离态的毒素检测出来，而结合态的毒素经消化酶或肠道微生物分解才能被部分或全部释放。我们所用到的脱毒产品仅能将游离态的毒素吸附或降解，其他残余仍被肠道吸收。许多饲料厂、养殖场在加入脱霉剂后，检测霉菌毒素并未超标或含量很低，但畜禽仍表现出霉菌中毒现象就是这个原因。一般脱霉类产品只能作用于饲料内霉菌毒素，对那些通过肠道进入血液循环的霉菌毒素没有解决能力。

（三）做好霉菌毒素防治

1. 从源头减少霉菌毒素来源

管好源头，做好原料和饮水安全，减少病从口入。从源头减少霉菌毒素来源，必须采购优质的饲料原料，霉变的原料坚决不能用，并做好玉米仓的管理，做好原料先进先出的合理规划。喂料要少量、勤添、多匀料，每天饲喂 3 次以上，防止饲料在料槽发生二次霉变。做好水质水线管控，定期清洗水线，为鸡群提供清洁的饮水，防止水线霉菌、细菌滋生。

2. 减少进入血液的霉菌毒素

添加霉菌毒素吸附剂、降解剂，尽最大程度处理掉饲料内毒素，继而减少进入血液的部分。这是弥补前面管控不好采取的补救措施。

3. 清除血液和肝脏中蓄积的毒素

动物体内最大的解毒器官是肝脏，在减少霉菌毒素摄入的同时，必须增强肝脏功能，激发肝脏分泌解毒酶，帮助肝脏解毒排毒。脱霉剂大多是通过物理吸附、生物降解处理饲料内霉菌毒素，减少进入动物体内的霉菌毒素，但是无论多么完美的脱霉方案都无法保证100%处理掉饲料内霉菌毒素，总会有一部分残留进入血液循环。这就需要在饲料中添加一些具有抗氧化、保肝利胆的添加剂，刺激肝脏分泌大量的解毒酶，清除血液和肝脏中蓄积的毒素，减少霉菌毒素对机体的损害，并改善肝脏功能。

（四）大多数脱霉方案存在的误区

1. 只能解决饲料中霉菌毒素，并且不连续使用

吸附型脱霉剂能减少肠道对霉菌的吸收，而不能解毒。降解型的脱霉剂并不能100%解决毒素，仍然会有未被降解的毒素不断被家禽吃进体内。

2. 使用功能单一或者无效的脱霉剂

优质蒙脱石类虽然功能单一，但对黄曲霉毒素非常有效。但是蒙脱石质量差别非常大，劣质的没有作用，还吸附维生素等营养物质，盲目加量可能会影响营养物质消化吸收，增加肝肾负担。

二、做好球虫的防控工作

球虫防控是维护肠道健康的重中之重。球虫不仅会直接破坏肠道上皮细胞的完整性，还极易引发细菌性肠炎及相关连锁反应。球虫主要寄生在肠上皮细胞内，造成上皮细胞损伤和肠绒毛破坏，影响营养物质吸收，导致消化问题，影响皮肤着色和羽毛光泽，降低鸡群生产性能，一些虫株还会造成明显出血，甚至导致鸡只死亡。做好球虫防控首先要在管理上做足工作。加强鸡舍环境管理，保持鸡舍干燥、通风和鸡舍卫生，勤清理鸡粪，粪便集中堆积发酵，杀灭球虫卵囊，减少球虫卵的传播和感染，做好球虫防控。其次要注重药物或疫苗的使用。在易发日龄和易感季节注意投药预防，地面平养家禽和经常发生球虫病的笼养鸡场可以选择疫苗免疫。

三、做好肠炎的防控工作

肠炎是家禽易发疾病，诱发家禽肠炎的因素有很多。概括起来可以分为生物因素、物理化学因素、日粮因素及其他因素。生物因素主要包括病毒、细菌、真菌、寄生虫等微生物。理化因素包括温度、湿度、光照、氨气浓度、垫料质量和一些应激因素等，应激因素又主要包括抓鸡、运输、噪声、过度拥挤、突然的冷热刺激等。日粮因素包括饲料原料、日粮结构、饲料加工、颗粒饲料和一些饲料中有害因子，有害因子又包括多种抗营养因子（如非淀粉多糖 NSP）和毒素因子。前面介绍的霉菌毒素、球虫就属于生物因素，在以上众多因素中最常见的是细菌和抗营养因子两个因素。

（一）引起肠炎的细菌性因素

家禽细菌性肠道病在临床上最容易发生，常见腹泻、水便、过料、肠壁水肿、肠黏膜脱落、肠壁溃疡坏死等。

1. 产气荚膜梭菌

产气荚膜梭菌属于革兰氏阳性菌，是养鸡生产中常见的病原菌之一，任何日龄的鸡都可感染，可导致坏死性肠炎、胆管型肝炎等多种疾病，多为亚临床感染，常表现为"番茄便"、饲料便和水便，死淘率增加，生产性能降低。在正常情况下，产气荚膜梭菌主要栖息于盲肠，不会引起发病，但是当肠道内环境改变或肠黏膜完整性受到挑战的情况下，产气荚膜梭菌数量就会发生变化，在肠道前段大量繁殖使肠道菌群失衡，随之毒素的分泌量就会加大，最终导致坏死性肠炎。球虫、饲料中的水溶性非淀粉多糖、霉菌毒素、限饲、转群、免疫、更换饲料等都可引起产气荚膜梭菌的过度繁殖和坏死性肠炎的发生。

2. 大肠杆菌、沙门氏菌、葡萄球菌等

夏季一般细菌性疾病经常反复发生，引起肠炎，导致鸡群出现腹泻、拉稀、过料等。夏季高温高湿，环境、饲料、饮水等细菌滋生繁殖速度加快，而家禽大量饮水会加速肠道菌群失调和肠绒毛损伤，同时热应激也会让机体自身抗病能力下降，为细菌病发生创造了条件。对于细菌性肠道病，除了做好环境卫生、饲养管理等工作外，可以选择有益菌、植物精油、短链脂肪酸等功能性添加剂来抑制杀灭有害菌，修复肠黏膜损伤。

（二）引起肠炎的抗营养因子

家禽日粮中的免疫应激源主要来自豆科原料，如大豆球蛋白、

β-伴球蛋白等为代表的蛋白类抗原，β-甘露聚糖为代表的多糖类免疫原。而 β-甘露聚糖因为分子结构与微生物表面的甘露聚糖相似，会被动物肠道免疫细胞识别，引起过度的固有免疫应答，加重肠炎。在雏鸡发育阶段、高产蛋禽及热应激条件下，动物肠道健全程度差，即使低浓度的 β-甘露聚糖也有更多机会接触到免疫细胞，加剧肠炎。使用优质的 β-甘露聚糖酶是非常不错的选择，它不仅能酶解饲料中的甘露聚糖，降低肠炎的发生率，还可以把节约下来的免疫维持净能用于生产，实现降本增效。

霉菌毒素、球虫、产气荚膜梭菌、β-甘露聚糖等是主要的肝肠健康影响因素，在生产实践中环境、管理等因素也至关重要。对于家禽肝肠健康而言，优秀的环境、良好的管理、有效的防控方案三者缺一不可。

第九节 输卵管的结构及其对蛋壳膜形成的影响

蛋壳膜可分为壳内膜和壳外膜两层，在蛋壳最外层又覆盖一层蛋白质透明薄膜，称为角质膜（胶护膜），具有重要的保护和调节功能。蛋壳膜是影响鸡蛋品质的重要因素之一，而输卵管是蛋壳膜的主要形成部位。

一、输卵管的结构

输卵管是雌性生殖系统中的重要组成部分，它连接着卵巢和子宫。蛋鸡的输卵管总长约 60cm，包括漏斗部、膨大部、峡部、子宫部和阴道部等部分，参与鸡蛋形成的多个环节，包括卵子的产生、运输和受精。此外，输卵管还参与胚胎的早期发育和营养物质的供应。输卵管的结构包括黏膜层、肌层和浆膜层，这些层次间协同作用，使输卵管能够有效地完成其功能。一个鸡蛋从排卵到产蛋需要 24~28h，卵黄在卵巢形成，而蛋清、蛋壳在输卵管形成。"卵黄"落入输卵管后成为"蛋黄"，通常情况下有一个蛋黄就会形成一个鸡蛋，鸡蛋品质的好坏则由输卵管这个部位决定。

二、输卵管对蛋壳膜形成的影响

研究表明，输卵管在蛋壳膜形成中起着重要作用。首先，输卵管中存在的分泌物对蛋壳膜的形成起着调节作用。输卵管分泌的物质包括蛋白质、糖类和钙离子等，这些物质不仅提供了蛋壳膜的构建材料，还参与了蛋壳膜的形成过程。其次，输卵管中的运输功能也对蛋壳膜的形成有影响，输卵管是1个长而弯曲的管道，蛋黄（卵泡）从中通过，鸡蛋中除蛋黄外，其余部分皆在输卵管内形成。

（一）输卵管漏斗部

输卵管通过对卵子的运输和排出，调节卵子在输卵管内停留的时间，从而影响蛋壳膜的形成速度和质量。排卵相关激素会促进卵巢的排卵，被漏斗部接收，经过肌肉收缩，到达膨大部。性成熟的母鸡漏斗部长约9cm，蛋黄在此停留15min，随着输卵管的蠕动下行（蛋黄旋转前进）。正常的漏斗部应能接入所有落入体腔的蛋黄，但也有个别鸡的漏斗部功能失调或在排卵时受到惊吓，蛋黄没有进入输卵管而留在体腔，这种鸡称为"内产鸡"，会出现一种类似企鹅行走的直挺姿势。遗落在体腔内的蛋黄在几天内可被机体完全吸收，也有部分鸡因吸收不彻底形成腹膜炎。特别注意赤霉烯酮毒素的影响，它会导致漏斗部异型或者变小，影响蛋黄的正常落入，继而出现卵黄性腹膜炎。

（二）输卵管膨大部

膨大部是输卵管中占比最长的一种腺体组织，也是蛋清的分泌组装车间，这个部位的发育至关重要，浓稠的蛋白可将蛋黄包裹住，蛋黄可在此处停留3h。饲料相同的条件，蛋重和这个部位的发育有很大关系。

（三）输卵管峡部

峡部是整个输卵管相对较窄的部分，通常长10cm，蛋通过这部分的时间是75min左右。内、外壳膜就在此形成，这时蛋有了初步的外形。壳膜为包裹在蛋白之外的纤维质膜，是由坚韧的角蛋白所构成的有机纤维网。壳膜分为两层：外壳膜紧贴在蛋壳内；内壳膜是一层不透明的薄膜，紧贴在蛋白外面，厚度约为外壳膜的1/3，空气能自由通过此膜。内、外壳膜具有屏障作用，可防止外界微生物侵入和蛋内水分过快蒸发。内、外壳膜在鸡蛋产出的瞬间会因为温差而分离形成气室，气室大小可作为蛋新鲜程度的标志。蛋壳膜质量和水印蛋的形成有很大的关系，而蛋壳膜的形成又受到输卵管相关机能和日粮营养等因素的影响。

（四）输卵管子宫部

输卵管子宫部为外包装车间，一般长 10～12cm，形成的蛋在此停留 18～20h。一枚鸡蛋从排卵到产出约 24h，这就是蛋鸡每天产一枚蛋的生理基础。子宫部的实质是蛋壳腺，蛋壳腺机能对蛋品质的影响非常大，负责为鸡蛋注入水分，形成蛋壳胶护膜和蛋壳色素。补充蛋壳腺素有助于提高鸡蛋的蛋壳质量和颜色。蛋壳的最外层有一层油质，也是子宫部分泌的，它在蛋产出时起润滑剂作用，产出后可将蛋壳上大部分气孔闭锁，防止水分与空气交换过快，也有助于防止细菌侵入。

（五）阴道和泄殖腔

产蛋母鸡的阴道长约 12cm，此部位虽然不参与鸡蛋的形成，但是通常与蛋壳带血有关，脱肛的鸡也往往是此部位的发育存在问题。蛋壳带血往往是由于在阴道部和泄殖腔部位受伤，一些有害微生物从伤口侵入导致炎症出血造成。

三、改善措施

根据相应的饲养阶段搭配营养配方，特别是饲料中的能量、蛋白质、维生素、钙、磷等矿物质以及微量元素的比例要搭配合理。蛋鸡育雏期间日粮中的钙含量保持在 1% 左右，有效磷含量为 0.45%～0.55%，粗蛋白 18%～19%；育成期蛋鸡粗蛋白含量可下降至 17% 左右，罗曼系列蛋鸡甚至可下降至 15%，钙、磷含量可与育雏期一致；预产期蛋鸡日粮中钙含量应保持在 2%～2.5%，钙磷比为 4：6，粗蛋白质含量保持在 19% 左右，同时添加适量的维生素、微量元素；产蛋高峰期日粮中钙的含量维持在 3.3%~3.8%，总磷的含量保持在 0.5%~0.7%，维生素 D_3 的含量保持在 1 500~2 500U/kg，电解质的平衡值约为 137~245mmol/kg。在正常情况下，可以在日粮中添加 200mg/kg 的维生素 C。此外，加强环境卫生和疾病监督预防措施，保证蛋鸡的健康生长。

第八章

蛋鸡养殖中常见问题及改进方案

第一节　蛋鸡生产常见问题解析及改进方案

一、产蛋鸡为何没有高峰？

（一）问题描述

有的新母鸡产蛋上到七八成多就不动了，表面看没病却又不产蛋，变换饲料产蛋仍上不来。

（二）诊断思路

开产一致性、连产性差是问题的主要特征。重点观察几点：①品种怎么样，是不是高产蛋鸡？②饲料品质怎样，一定选择适合当前品种的饲料。③体重（体能储备）怎么样，体重不够或者透支鸡群，不具备持续高产能力？④内脏器官发育和健康状态怎么样？⑤是否存在亚临床疾病状况？是否存在衣原体、新城疫、禽流感、大肠杆菌、沙门细菌隐性或早期感染等。

（三）解决方案

①培育出具有最佳体重和体能储备的后备母鸡是解决问题的方法。②确保后备母鸡开产时健康、整齐均匀且抗病力强，必须有一定量的脂肪储备。③保证后备母鸡上笼前的各种疾病抗体水平达到一定的高度。④预产-爬坡期建议饲料配方见表8-1。

表 8-1　预产-爬坡期饲料配方　　　　　　　　　　　（g）

日龄	90~100	100~110	110~120 （见蛋）	120~130 （>5%）	130~140	140~150 （50%以上）
玉米	650	668	675	665	655	650
豆粕43	200	200	205	210	225	225
小颗粒石粉	5.0	20.0	37.5	52.0	70.0	70.0
麸皮	90	80	50	40	20	20
豆油	6.0	7.0	8.0	8.0	10.0	10.0
鱼粉（>60%）						
益能宝功能酶	0.5	0.5	0.5	0.5	0.5	0.5
预混料	50	25	25	25	25	25

同时在蛋鸡预产期营养及加光照程序：100 日龄加光至 12.5~13h，并保持恒定至 125 日龄再进行第二次加光，参照体重均匀度以及当地鸡蛋销售方式确定第二次加光的时间和幅度；一旦发现鸡群未能达到预期的生产性能，大部分养殖户仅仅考虑日粮的质量问题，除日粮外，还有许多因素影响鸡的生产性能，尤其是管理和环境方面的原因，切忌一味认定是饲料的问题。在日粮因素中必须考虑到能量蛋白比和内脏器官的健康和工作能力，首先是关注预产期、爬坡期能量有没有剩余，这一点比蛋白质含量更重要；其次，对于无产蛋高峰的鸡群，对寡产鸡或未开产鸡，先进行营养和管理的调整，对那些经过调整后依然表现为冠小、体轻、耻骨小于 2 指的，及时淘汰，有多少淘多少（注：一定做好育雏、育成、预产、爬坡期营养，做到一对一精准营养，切忌出现偏差或者偏低，还有一定做好内脏器官健康工作）。

（四）诊断评价

在实际生产中，由于在饲料、健康、雏鸡质量和鸡群管理上存在差异，有些鸡群的表现就会存在差异，因此，管理好导致鸡群生产性能差异的各种因素，才是改进生产性能的最大潜力所在，无论用什么样的饲喂方案，目标只有一个，就是把每只鸡都培养成"产蛋特种兵"，把鸡群培育成高产高效的"产蛋特种部队"。

二、蛋鸡产蛋率突然下降的原因？

（一）问题描述

高峰期鸡群经常发生原因不明的产蛋下降，检查饲料、鸡群及一般性管理程序未见异常。

（二）诊断思路

①高峰期体增重不够或者透支；②疫病侵袭导致的下降；③由环境、管理或营养引起的下降。

（三）具体原因分析

原因一：鸡高峰期体重不足，会出现小蛋、高峰低于正常或顶峰不够甚至出现顶峰刚到不久就很快下跌的现象。

原因二：传染性疫病的侵袭最为显著（如感染强毒型、温和型新城疫，变异性传支，禽流感，呼吸道综合征等），寄生虫（螨虫）的侵扰。

原因三：舍内温度、饮水器流量和通风的改变（如：热应激、气温超过27℃、氨气蓄积等）；供水装置故障或开放饮水器中水压不够造成饮水不足。

饲料大原料的突然改变或饲料中某些营养成分不够，或者营养无问题但是采食量偏低；母鸡受到突然惊吓，免疫接种，光照改变；饲养人员、饲喂时间等常规的任何变动。

从营养角度分析如下。

（1）营养素缺乏或不平衡在生产下降中起着重要作用。鸡不能耐受大多数营养素的长期缺乏，许多营养素（如能量、蛋白质、食盐、钙等）缺乏的影响仅数日就表现出来，而微量营养素缺乏的影响需要较长时间表现出来（大于7d）。

（2）能量不足以维持产量导致的体重下降甚至透支，粗蛋白水平实质性下降时日产蛋量也随之降低。

（3）磷脂缺乏导致的饲料能量和体脂利用率偏低，以及蛋白过剩导致的脂肪肝鸡群（如高峰期鸡只体重已超过2.3kg、产蛋少、停产鸡只）。

（四）解决方案

①创造相对稳定的产蛋环境；②应用优质全价饲料：充足的能量、蛋氨酸和赖氨酸，适当使用磷脂将有能力预防影响家禽生产性能的大部分问题；③预防各种疫病感染和减少应激因素。

三、蛋壳发白颜色变浅（不鲜艳、不红、褪色、畸形、砂皮、软壳）的原因？

（一）问题描述

很多养鸡户对蛋壳颜色十分关注，很在意蛋壳颜色的变化，并常常把它的变化与饲喂的饲料联系在一起。常见很多养殖户发问：蛋壳变白变浅，是饲料的毛病？还是鸡又闹什么毛病？

（二）诊断思路

首先要确认的是，大方向的蛋壳颜色的深浅由鸡种决定；在品种相同的情况下，蛋壳色泽变浅褪色与健康状况密切相关。疫病与蛋壳颜色亚临床疾病常常侵害生殖系统，导致输卵管病变，除造成产蛋率锐减、蛋壳变薄、无壳蛋增多外，并有蛋壳褪色、变浅、变白等典型的临床症状。值得重视的是，常常是呼吸道症状的疾病在影响着褐壳蛋颜色和生产性能；环境及饲养管理的变化也常常导致白蛋壳出现，蛋形成时期的应激（光照不稳定，持续高温）也会使蛋壳变苍白。一般来说，蛋壳颜色的深浅与蛋鸡的饲粮营养无直接关系。一旦发现蛋壳质量问题时，人们自然会问饲料中是否缺钙或其他的养分含量不足。对于长期饲喂养分，如肠道问题引发的维生素 A 或者某些微量元素不足的饲料，蛋壳腺机能不好导致的蛋壳色素的分泌失常，都会导致蛋壳颜色变浅。更多的情况是由于鸡群患病，消化机能紊乱而养分吸收不良，才出现与营养相关的壳蛋质量问题。此时，添加多种维生素会有效果，原因是提高了鸡群的抗病力，强化了鸡体的各项机能。

（三）解决方案

首先要对可能引起问题的饲料配方、原料进行分析、检查、判定。原料经常发生事故（如故意掺假或霉变）。接下来，着重检查日粮以外的各个环节：如饲养环境、饲养程序、免疫预防、鸡群状态（判定鸡群健康状况）、鸡龄（产蛋初期的蛋壳颜色相对较深，产蛋后期则变浅）等。对所用的饲料配方进行一次检验和微调，为产蛋提供更平衡充分的营养素，通过强化营养促进健康，对水印蛋和一些不明确原因的蛋壳质量问题可以先用"红亮美"补充蛋壳腺素和有机微量元素，有机钙。积极的疾病控制。一旦怀疑可能是温和型新城疫引起的蛋壳问题，应进行一次新城疫（Ⅳ系或克隆30）的饮水免疫，使用剂量3~4倍即可，也可以使用转移因子（乐菲）。对于不明病因的呼吸道病症引发的减蛋及蛋壳发白现象，可采取积极的对症治疗，同时补充优质电解多维，以强化营养、增强体质，切实改善饲养环境。

四、鸡蛋蛋重偏轻的原因及改进

（一）诊断思路

蛋重下降通常是蛋白质（蛋氨酸）降低的后果，这往往与采食量和原料变化相关。尽管蛋重降低确实与蛋白质（氨基酸）不足有关系，但是引起蛋白质（氨基酸）不足的原因却不一定是蛋白质（氨基酸）直接缺乏，一定注意能量不足、体重下降引起的蛋重偏低；高温造成的采食量下降往往是夏季鸡蛋蛋重偏轻的主要因素；蛋鸡最适环境为18~23℃，每升高1℃，采食量平均减少1.6g；32~38℃，每升高1℃，采食量减少3~4g。持续高温高湿的伏天，不只是温度升高带来的影响，还有持续的热应激带来的影响，所以营养设计上常用的夏季配方还是有所区别的。健康状况：感染任何亚临床疾病，都表现厌食和饮水量下降，明显影响产蛋性能和蛋重。

（二）解决方案

在正常状态下，鸡的饲喂应使营养素达到最大日采食量。

炎热季节的饲喂要点如下。

①适当降低饲料粗蛋白（最高为16%），同时维持足够的蛋氨酸（粗蛋白的2%~2.5%）、赖氨酸（粗蛋白的5%~5.5%）进食量（由于过多摄入蛋白质会产生更多的热能，增加热应激的可能性，恰当的

蛋白质水平是非常关键的，同时必须满足能量供应，尤其在伏天持续高温高湿天气）；②充分发挥酶制剂的作用，并补充油脂提高日粮能量水平和提高能蛋比（≥2 750kcal/kg）③随预期采食量的改变提高预混料的添加水平，保持钙的日进食量不低于 3.8~4g 和有效磷 0.4g（给鸡提供粉末，小颗粒和大颗粒等不同形态的石粉，是最科学的思路，生理性拉稀和石粉颗粒状态不合适有关）；④热应激时补加维生素 C 150g/500kg 饲料，伏天还要考虑适当使用牛磺酸和少量胆汁酸；⑤有蛋壳问题时，可以使用蛋壳改良剂"红亮美"，也可以考虑适量添加碳酸氢钠，此时要检测日粮钠进食量并保证日粮适当的氯水平（因高含量氯离子可能有导致蛋壳变薄的倾向）；⑥增加饲喂次数和在当天温度较低时喂鸡，供给清凉饮水；⑦在突然出现短期（3~5d）热应激时，不要对日粮作大幅调整，但是建议加上适量葡萄糖和维生素会有利于缓解热应激；⑧适当增加饲料级别的多种维生素，以达到抗病营养和提高体质。

五、采食量过高问题

（一）问题描述

每年 6—9 月进入产蛋高峰期的粉蛋品种鸡群，只要日采食量不少于 110g，一般均能保证只日产蛋平均 54~55g（料蛋比<2.1：1）。而一旦高于 120g（体重 1.9~2.1kg 的新母鸡）将会影响养鸡户的纯利润。因此，采食量的高低也经常被提及和关注。

（二）诊断思路

采食量偏高常涉及 3 个方面因素：①鸡因能而食，当鸡能量进食量不足时，必然会多采食一些；②随鸡龄增加，体重增大，耗能增加，因而采食量增加；③鸡舍温度偏低则鸡群采食会偏高。

（三）解决方案

保证最佳采食量的措施：①针对品种、日粮、体重、鸡蛋销售方式等多个数据制定符合当前鸡群的饲料配方，努力提高蛋白质的消化利用率，尽量提高日粮能量水平和能蛋比，可限制麸皮用量，提高玉米的比例；②当采食量不理想时，一定要根据蛋形指数提供的建议做好饲料能蛋比，先用酶制剂，然后可适当添加0.5%的植物油或高档油粉，有效提高日粮能量，减少饲料粉尘，改善适口性（一定要增加磷脂）；③控制合适体重，使其适当超标5%~8%会有更好的产能表现，同时因为体重超标往往会带来更加优秀的内脏器官，可以增强抗病能力及抗应激能力，可以用更少的蛋白获取更大的产量，这样做不仅饲料成本降低，还可以降低料蛋比，提高产蛋效益。

六、瘫鸡现象

（一）问题描述

在产蛋高峰前后母鸡变跛并不愿站立，患病母鸡通常退至笼的后部，又因为懒于饮水和采食，可能因缺水/饥饿而发生死亡。通常将早期跛足的笼养母鸡放到地面上平养，通常都能完全恢复。瘫鸡的发生率一般超过0.5%的鸡群就认为有问题。早期识别病鸡，它们看上去好像比较警觉，但仍产蛋。死鸡可能脱水。

（二）病因分析

常见的瘫鸡原因有以下7种：高产鸡，钙磷不足或者不平衡；骨架发育不好或中小型品种，髓骨钙储备差；肠道健康问题，影响钙磷、维生素D的吸收；肝脏问题，影响维生素D的转化；打针失误，引起的伤害；温差大，腿抽筋，加上钙不足；新城疫等疾病。

（三）剖检可见

输卵管中肯定有一个部分钙化的蛋，卵巢上有许多发育程度不同的卵黄。时间久了，则卵泡由于营养素进食量的减少而退化。

（四）诊断思路

瘫鸡现象增多一般有4个原因：一是笼养环境、饮水量不足导致的钙磷或维生素间接缺乏；二是高产、钙磷供应或者利用率问题，导致钙磷储备降低而出现骨骼问题甚至瘫鸡；三是各种疾病引起（新城疫、梭菌毒素等）；四是钙磷或与钙磷相关的营养元素出现质量问题。

由于笼养环境导致运动不足；高产鸡群瘫鸡往往是由于制造蛋壳的钙供应不当所致。如饲喂缺钙、磷、维生素D_3饲料的鸡在产蛋高峰时会出现瘫鸡（生产上曾见到因不合格石粉（钙含量25%）而出现瘫鸡和软壳蛋增多现象）。蛋壳沉积钙质是在夜间，一枚蛋总共约沉积1.7g的壳钙。血钙不足将动员骨钙，时间久了，出现瘫鸡现象。然而出现瘫鸡问题的最大原因是疫病问题。侵害神经系统的因素（如大肠杆菌毒素、新城疫、梭菌毒素等），在临床上往往表现出与瘫鸡类似的现象。如温和型新城疫，往往表现为翅膀麻痹、腿脚麻痹，蹲伏，拉绿色稀便，不吃不喝等，瘦弱，外观表现为瘫鸡，解剖可以看到胃肠内没有饲料。对于新城疫疫苗免疫不全的鸡群一般会散发出现类似瘫鸡，有些兽医称之为"新母鸡病"。

（五）解决方案

一是见第一枚蛋前2周更换2%钙的预产日粮到5%产蛋率是恰当的，如有可能，一定要补充25-羟基维生素D_3；预产期添加钙磷的时间，钙磷水平往往被认为是预防瘫鸡的关键，不能忽视的是钙源的颗粒度大小，预产期补充的钙源一定是粉末或者小颗粒的，同时建议提高磷的供应量，这一点这些年没有得到足够重视；补充良好的钙源：注意石粉或者贝壳质量，用贝壳代替1/2的石粉。颗粒状钙占钙源2/3，随着日龄增加，逐渐增加大颗粒石粉替代原有的小颗粒石粉，但要保证有1.5%是粉末状的；切实做好产蛋高峰前期一些重要疾病的预防，如肉毒梭菌、新城疫、大肠杆菌等。遇到瘫鸡问题，及时更换和补充优质钙源，可以使用甲酸钙和壮骨强壳素。

二是开产前要控制小肠球虫，小肠球虫不仅会吸收营养，还会导致肠黏膜的受损，受损的肠道极易继发梭菌（坏死性肠炎）引起拉稀，机体吸收的蛋白在梭菌的作用下会脱羟基形成生物氨，生物氨会引起肌胃溃疡，这样就会导致拉稀过料的反复发生。通过解剖发现很多拉稀的鸡群都有一个共同特点就是发现小肠球虫，所以开产前要重点驱杀寄生虫。

三是任何阶段、任何季节都要关注霉菌毒素的问题。霉菌毒素是养殖业不可回避、必须面对的问题，从消化系统的腺肌胃炎、肠炎到生殖系统的产蛋率下降、产软皮蛋再到肝脏破裂出血都有霉菌毒素的影子。作为机体解毒和代谢中心的肝脏，其健康程度上受霉菌毒素影响，可影响钙质吸收，从而导致瘫鸡、蛋壳质量差，不可不重视。

七、蛋鸡脂肪综合征

（一）主要原因

常规经验认为日粮低蛋白、低胆碱、高能量引起的产蛋鸡脂肪肝，而周进喜在养殖现场发现，蛋白过剩、能量不足是主要原因，尤其磷脂缺乏的饲料更为明显，希望可以引起大家重视。

（二）现场检查

脂肪肝的死亡最终由肝脏出血所导致；出现脂肪肝的鸡群生产性能很难提高；某些霉菌毒素可引起与脂肪肝类似的问题；此外，脂肪肝可能与菜粕的使用有关。

（三）解决方案

必须采取适当的预防措施。预产期防母鸡过肥、高峰期限饲；提供合适能蛋比的饲料，让每一份营养都得到充分利用和发挥，不管是蛋白还是能量，没有过多剩余就不会对内脏器官产生影响；发生脂肪肝时，日粮额外增加卵磷泰 500mg、胆汁酸 500g，补充维生素 C 牛磺酸有一定的辅助作用。日粮中添加抗氧化剂：乙氧喹 150mg/kg，同时加 5mg/kg 维生素 K 可减少因出血造成的死亡，建议适时添加一些体内抗氧化的原料，比如维生素 E、维生素 C、大豆异黄酮、牛至精油、过氧化氢酶等。

八、蛋鸡啄癖的可能原因有哪些?

（一）诊断思路

啄癖导致育成鸡2%～3%的损失是常见的。对于产蛋鸡而言，发生率虽不高，一般低于0.5%，但在整个产蛋期都会存在，对生产造成的损失比较大。

（二）具体原因分析

啄癖往往是诸多因素共同作用的结果，而不是单一因素造成的。雏鸡阶段，诱发因素可能是：光照过亮（阳光照入鸡舍）；舍温过高（通风不良）；断喙不当；入舍鸡羽毛发育不良；饲养密度过大；营养素不足：如缺含硫氨基酸、盐分、粗纤维；长期患腹泻、呼吸道病容易导致营养不良。高峰期前后啄癖发生的原因有：啄肛导致脱肛；后备母鸡体脂肪过多；光照刺激过早；日粮蛋白质/氨基酸水平过高，引起蛋过大。

（三）现场检查

体重较轻是高峰期鸡群多发啄癖的主要诱发因素。体轻的鸡较神经质，采食低，营养素不足，更趋向于啄食其他的鸡只。为了早产大蛋，则给体轻的小母鸡喂高蛋白/氨基酸日粮，会加重脱肛现象。如果进一步与增光相结合，那么就常导致产较多的双黄蛋现象。

（四）解决方案

避免啄肛最有效措施：保持低光照强度；提高育成鸡群整齐度；防止过早饲喂高蛋白饲料；提供合理饲养环境，提供充足饮水。添加"啄立停"，辅助治疗。

九、鸡群免疫失败的原因有哪些？

（一）影响鸡群免疫质量的因素

疫苗的来源、菌株、母源抗体的水平、免疫人员的经验、应激、稀释液和疫苗保存、针头是否清洁等；饲料、雏鸡、鸡群健康的各个环节都存在相当程度的差异；饲养者素质。

（二）解决方案

改善营养状况；持续健康管理；有效预防与彻底卫生消毒相结合，保护家禽免遭感染。

（三）诊断评价

一般，饲料厂和免疫人员对鸡的营养和健康方面影响大于营养师和兽医。忽略细节，就会造成管理问题、饲料问题、健康问题。要全面持续改进生产，持之以恒。

十、鸡只腹泻的原因及对策？

（一）诊断思路

需要具体问题具体分析，腹泻的原因比较复杂，常见的腹泻分两种，一种是细菌、病毒引起的拉稀，这可以通过改善卫生、使用抗菌剂治愈。另一种是饮水多引起的"拉稀"，是生理反应。通过鸡舍通风降温也可以改善。高温时，鸡本能地通过喝水、多泌尿带走体内热量，并非饲料某因素所致（减盐危害更大）。另外，新母鸡刚上高峰时，代谢旺盛，喝水多是正常的。

（二）预防关键措施

不断改善管理，加强营养，有效预防，积极治疗；配制日粮，精确称量石粉、盐的用量，生理性拉稀和石粉颗粒状态不合适有关；不用发霉变质的劣质原料；提供清洁的饮水，净化疾病，适时免疫，有效消毒；直接饲喂优质益生素、酶制剂，比如冠山红菌酶康、三丁酸甘油酯等。

十一、鸡只呼吸道综合征原因以及控制对策？

（一）问题描述

具有呼吸啰音、咳嗽、喷嚏、呼噜、肿脸、肿眼、怪叫、甩头等病症的一大类疾病的总称。

（二）最常见的病因

新城疫、传支、传喉、禽流感、支原体、大肠杆菌等。

（三）预防关键措施

做好常见病的免疫预防；在呼吸道疾病的高发季节，保温、补充优质电解多维、提高抗病力；环境控制：良好的通风是减少呼吸道病的最好药物。

十二、育成鸡体重不达标的问题

（一）问题

每年春夏季育雏，育成鸡的体重往往不容易达标。对体重偏轻的成因分析，可追溯到"育雏阶段"。育雏阶段（6周龄前）的饲养管理水平与育成鸡体重、体格发育关系密切。育雏阶段的饲养管理措施不当（如密集饲养、舍温过高或过低、频繁抓鸡、免疫接种与用药），可导致雏鸡应激加大，其采食量受到抑制而无法吃到足够的饲料，有时，即使摄入足够的饲料，但因营养素主要用于抗病与抗应激上，鸡仍仅表现为"干吃不长"或缓慢生长。

为防止育成鸡体重偏轻，就从育雏开始抓起，尽量减少对鸡群的"折腾"。

（二）对策

坚持定期抽测体重（如每周1次），以此来评价饲养管理的优劣，及时发现问题和及时纠正。对于已经偏轻的鸡群，仍要匀速地促进生长，不可过度"催肥"。同时防止鸡苗长成"小胖墩"（易脱肛、啄肛）。因此，预防体重偏轻与预防体重偏重一样重要，重视的时间越早越好。有的采用"延长雏鸡料"的喂法，来改进青年鸡的体重，值得注意的是要同时重视采食量的提高。还有一点值得警惕：以12周龄为界，之前以满足蛋白质、氨基酸为主线，然后给鸡群匹配合适的能量；以后满足氨基酸、钙、磷等营养的同时，一定要以能量有剩余为主线。

十三、体重、蛋重和产蛋率同时出现问题时，我们应如何抉择？

在面临体重、蛋重和产蛋率同时出现问题时，我们应如何抉择？这是一个令许多鸡场营养师深感困扰的问题。特别是在当前高温高湿的季节，鸡群往往容易出现采食量下降、身体透支、产能低下等诸多问题。

当体重、蛋重和产蛋率这3个核心指标同时出现波动时，我们究竟应如何权衡和取舍？假设我们面对的是一款能量和蛋白浓度均偏低的饲料，而鸡群的采食量也同步下降，这无疑会导致能量和蛋白摄入不足，进而引发蛋重下降的问题。若饲料的能蛋比也偏低，那么整个问题将变得更加复杂。

不论是直接缺乏蛋白质、氨基酸，还是由于能量供应不足导致的蛋白质、氨基酸浪费，都会对蛋重产生显著影响，可能导致蛋重增加缓慢或降低。值得注意的是，虽然大多数情况下蛋白质、氨基酸直接缺乏的鸡群体重会略占优势，但后者体重可能会偏低。然而，也存在特殊情况，例如在爬坡期或当前高温高湿的天气下，采食量可能会严重偏离实际需求，导致鸡群出现严重的能量和蛋白双缺现象，进而影响体重、蛋重和产蛋率。

即使我们为鸡群提供了看似最佳的配方、最优质的原料和最精细的管理，也无法保证它们一定能展现出卓越的生产性能。因为鸡群的产能不仅取决于饮食，还与其消化系统的健康状况密切相关。如果一只母鸡无法有效消化和吸收摄入的营养，就容易出现拉稀过料的情况，这不仅会导致饲料浪费，还可能对机体健康产生负面影响。

因此，为了确保鸡群的高产和优质，我们不仅需要为它们提供营养浓度适当、比例均衡的饲料，还需要关注并维护其肝脏和肠道的健康。只有这样，鸡群才能充分吸收和利用饮食中的营养，从而持续产出高质量的鸡蛋。

在养殖实践中，由于每位营养师的实战经验不同，可能会有多种不同的营养设计方案。每种方案都有其自身的理由和依据，但最终的成功与否，还须通过实践来检验。

评判鸡群的表现，我们只能依赖现场结果的满意度以及未来 2~3 个月内的综合成绩。当前，我们面临两个鸡场的情况，它们都饲养了一批 400 日龄的鸡。这些鸡均未患过特殊疾病，且体重相近。然而，它们的产量却存在显著差异。经过深入分析，我们发现这种差异的根本原因在于内脏器官的工作能力。

为了探究这一问题的根源，我们需要回顾这些鸡在 180d 前的体重发育情况。为何 180d 前的体重发育不达标会对后期的产量产生如此深远的影响？事实上，100~180d 这一阶段的发育遵循着特定的机理。在这一阶段，鸡的脂肪沉积必须达到一定程度，体内器官尤其是生殖系统才会启动并持续发育。如果任何阶段的体脂不足，都会导致体增重不理想。而更为严重的是，体脂不足还会引发内脏发育迟缓。

如果体增重持续不理想，内脏器官的工作能力将始终低下，且这种性能低下会伴随鸡只终生。即便在产蛋后期体重超过标准，超出的部分也只是脂肪的增加，而发育迟缓和性能低下的内脏器官很难恢复到最初状态。即便补充特殊营养，这种损伤也难以得到完全补偿。

因此，180d前的各阶段发育至关重要。为了确保这批鸡在未来12个月内具备持续高产的能力，我们必须尽一切努力让这些发育阶段达标甚至超标。饲养管理必须精心策划和执行，以确保鸡只的健康和生产力。

十四、鸡蛋上的黑斑，究竟是何原因造成的?

在蛋鸡养殖生产中，蛋壳颜色的变化，直接反映出生殖系统系统的生理状态，尤其是输卵管是否存在瑕疵的最直接表现。

常见的鸡蛋蛋壳问题的信号有：蛋壳变白、阴阳蛋（色素沉着受阻），砂皮、薄壳（碳酸盐沉积不均或受阻），更有甚者，蛋清变稀、蛋重下降（炎症加剧，浓蛋清减少），也包括黑斑附着。

(一) 鸡蛋长斑的原因

1. 蛋壳内部有黑斑的鸡蛋

蛋壳内部的斑，主要是因为鸡蛋在受潮或者存放时间太久的情况下，蛋壳保护膜消失，细菌入侵发生霉变所造成的。很显然，这种鸡蛋无法食用。

2. 雀斑蛋

常见的蛋壳表面出现的肉眼可见可触的褐色斑点，有的斑点甚至稍微凸起，称为雀斑蛋，钙和蛋壳色素分布不均匀。从鸡蛋形成过程来看，蛋壳和颜色的形成与鸡蛋内容物的形成处于不同阶段，这些斑点对鸡蛋的营养和品质并无影响。最重要的是，这种雀斑的形成与致病菌的污染没有必然的联系。

这种鸡蛋在红蛋上最常见，具体原因说法不一。雀斑蛋见图8-1。

图8-1　雀斑蛋

3. 暗斑蛋或底斑蛋

蛋壳底层表现出的肉眼可见、色泽深暗的水印状斑点或条带，称为水印蛋，暗斑蛋或底斑蛋。暗斑蛋是鸡蛋内的水分透过韧性较差的蛋壳膜并积聚在蛋壳附近造成的，也与细菌污染无关。所有引起蛋壳膜质量的原因都会导致水印蛋出现，潮湿环境会加重这种表现。输卵管发育期的营养不良和加光过快是此问题的根源，上半年开产的鸡群发病概率更大一些。暗斑蛋或底斑蛋见图8-2。

图 8-2 暗斑蛋或底斑蛋

(二) 如何解决"黑斑蛋"问题

针对"黑斑蛋"，常采用治疗输卵管炎的药物，但是改善效果不明显（但是输卵管健康工作还是必须做好的）。排除生殖系统炎症因素，可能的原因就是体内毒素，针对这个方向引起的斑点，有哪些措施呢?

1. 防治

建议用"红壮美"作为营养补充剂，通过提高体内抗氧化能力和提高内脏器官工作能力，来实现对黑斑蛋的防控。

2. 治疗

建议使用"红亮美"，同时要做好霉菌毒素的处理。可以使用"解霉安或者霉消肠安"，严重者根据具体情况选择使用"卵磷泰、胆康宁"等。

鸡群越高产，需要的蛋白质、氨基酸等原材料越多，需要的能量以及与之配套营养元素也越多。同时也会看到，产量越高，内脏器官负担越大。这就出现了一边是需求量大，一边却是内脏器官因为负担大导致的功能不足，如果再有蛋白过剩、霉菌毒素的影响，更会让内脏功能加倍受损，导致一些特殊营养元素缺乏，比如胆汁酸、牛磺酸、25-羟基维生素 D、维生素 C 等。这也是建议必须额外补充一些特殊营养的原因。

　　总之，蛋壳质量问题要考虑钙磷以及与钙磷相配套的其他元素的实际供应量，遇到的比较顽固的、复杂的蛋壳质量问题，一定要从骨钙考虑，像水印蛋还要考虑蛋壳膜问题，比如营养偏离以及输卵管机能导致的形成障碍，黑斑蛋（老年斑）要考虑霉菌毒素以及输卵管机能，红蛋品种可能需要额外的特殊营养补给，或者要采取特殊措施来进行某些特殊防治。

十五、你了解水印蛋的实质原因吗？

（一）什么是水印蛋

　　水印蛋就是蛋壳膜有暗色的小细纹，刚产出的蛋不是太明显，但是时间放得越长、温度越高、小细纹越明显、越多，从而形成水印蛋。水印蛋的蛋壳含水量比正常鸡蛋高，水印蛋壳膜厚度比正常鸡蛋厚度薄。

（二）水印蛋的形成原因

　　水印蛋形成的原因是在输卵管峡部出现问题，峡部是蛋壳膜形成的场所，蛋壳膜在这个地方形成，好比是给"蛋黄和蛋清"穿上两层软软的衣服，一层是内衣，一层是外衣。在峡部，有一个专门的结构称为乳头体，其被分泌在蛋壳膜上，乳头体对蛋壳的钙化有很重要的作用。这两层膜起到良好的保水性能，如膜被破坏，则其保水性能下降，从而就会形成水印蛋。

（三）诱发原因

1. 品种因数

　　从蛋壳强度而言，白壳小于粉壳，粉壳小于褐壳。由于白蛋蛋壳颜色问题容易形成水印蛋。

2. 饲料营养原因

　　蛋白质是形成蛋壳膜的主要成分，如果饲料营养不平衡，就会影响蛋白质的吸收形成。钙磷比例不当使蛋壳品质差，容易形成水印蛋。

3. 肠道疾病

肠道是营养吸收的主要场所，如果肠道疾病多发，就使营养物质不能有效地利用，也可诱发水印蛋。炎症或者机械性损伤都会出现水印蛋。

4. 肝脏的问题

肝脏是所有营养物质的运转中枢，如果肝脏异常也会影响蛋壳品质。

5. 日龄的问题

350d后蛋壳品质普遍比较差，新开产鸡所产蛋随日龄增长，蛋重不断增加，而蛋壳重的增加量有限，导致蛋壳质量出现问题，50周龄后，水纹蛋、水印蛋、薄壳蛋、蛋壳钙化不良和有其他可见缺陷蛋比例明显增加。

在产蛋期间，我们最需要避免的是蛋鸡的健康问题对产蛋率和鸡蛋质量的影响。一旦到了这个关键时期，养殖户往往会陷入困境，尝试各种药物，希望能保证蛋鸡产出合格的鸡蛋。然而，结果往往与预期不符。如同"是药三分毒"，其影响不仅限于人类，对鸡的影响同样明显。

因此，了解问题的根源并找到合适的解决方案至关重要，这样我们才能更快、更彻底地解决问题。

第二节　饲料搭配常见问题

一、蛋鸡饲料营养调配不当

（一）问题分析

1. 饲料营养调整方向不正确

冬季营养能量不够而蛋白过剩，直接导致采食量增加，造成饲料浪费，消化未消化的蛋白质，导致环境氨污染，常导致呼吸道疾病，更重要的是蛋白被迫转化为脂肪储存在体内，这是鸡群出现脂肪肝的主要来源。

2. 夏季饲料日粮调节不力

尤其是伏天的饲料营养不足，初产期和高产期导致体质差，产蛋量减少，高峰时间短，经济效益低，永远要记住开产后的体重大小与能量成正比，与蛋白成反比，除非是蛋白过剩引起毒副作用，体重才会超大，否则一定遵循前面所述规律。

3. 无专用饲料

大部分蛋鸡场没有专用的开产料，易造成营养负平衡；没有专用的淘汰鸡专用饲料，淘汰体重小（能量、氨基酸偏低）。

（二）解决方法

根据品种、日龄、不同阶段的特殊表现制定符合当前鸡群的饲料营养，结合现场数据和蛋形指数软件，按照精准营养调配饲料大配方。

二、饲料分级问题普遍存在

（一）问题分析

采食到的营养不均匀，导致营养不均衡；鸡体均匀度差，肥瘦不均；蛋壳质量参差不齐；鸡易患脂肪肝，死亡率高。

（二）解决方法

将立式搅拌槽改为卧式搅拌槽，正确把握搅拌时间。

鸡场通常采用立式搅拌机和喂料机，如果搅拌机绞龙片磨损严重或者搅拌或提升时间太长，都容易出现饲料分级，使用时间长的立式搅拌机一定注意观察绞龙片的磨损程度，粉碎机注意筛片磨损和粉碎粒度。试验表明，原料的混合 8~10min 为宜，严格按照科学喂食顺序饲喂（科学喂食顺序：喂食时严格按照原则：先小（轻），后大（较重），前份大，然后比例小。通常是 3/5 玉米→豆粕→其余→石粉→预混料→2/5 玉米。油一定不要和预混料同时加入，至于是提前还是推后都可以，提前有助于控制粉尘，更有利于预混料的搅拌均匀度。

第三节 蛋形指数的解决方法——卡尺

当前，我们已进入大数据时代，各行各业都在运用大数据指导生产生活，养鸡也不例外，在日常养鸡中，我们要做好各种数据的记录、整理、归类、备案等，如：鸡群免疫情况。在此，特别要提出的是要注意蛋形指数的数据整理，我们可以根据蛋形指数的数据变化，了解当前鸡群的一些情况，找出鸡场存在的问题并进行解决。

一、蛋形指数的定义和相对的鸡群问题

蛋形指数是鸡蛋的短轴跟长轴的比值，在一定程度上反映鸡群整体的胖瘦情况。一般而言，蛋形指数在 0.74~0.78，品种之间稍有差别，蛋形指数小于 0.74 所占比例大的鸡群整体偏胖；而蛋形指数大于 0.78 所占比例大的鸡群，整体偏瘦；发育良好的鸡群，蛋形指数在 0.74~0.78 的比例不低于60%。

二、测蛋形指数和蛋重的意义

开产后，由于应激问题，每周测量鸡群的体重不现实，而开产后合理的体重增长（绝对不能下降）和标准的蛋重增长既是鸡群营养状况良好的表现，也是鸡群能否长时间维持高产的重要指标。蛋形指数间接反映鸡群整体的胖瘦状态，便于通过调整配方进行营养干预。

三、蛋形指数与能量及蛋白之间的关系

能量决定产蛋率，蛋白决定蛋重。

能量决定产蛋率：要维持蛋鸡的产蛋性能，就需要供给足够的能量，低于一定能量的摄入，鸡只就不能产蛋，在个体上表现为产蛋的维持，在群体上就表现为足够高的产蛋率的维持。如一般日粮的能量需要为 2 750kcal，而我们给予低于 2 650kcal 的日粮，则会逐渐表现出产蛋减少。

蛋白决定蛋重：当日粮能量水平达到要求，鸡群就能维持足够的产蛋个数，而蛋白在低水平下供应时，产出的蛋重就较轻，当蛋白水平在高水平供应时，产出的蛋重就较重。要维持一定的产蛋率和产蛋重，既需要供给足够的蛋白和能量，又需要维持一定的蛋白能量比，否则产蛋水平就会失衡或下降。提高能量，产蛋率会提高，增加蛋白供应，蛋重会提高，当二者同时提高时，有一个最佳的交叉点，这个交叉点即为"最佳效益配方"。因为蛋鸡品种不同、日龄不同，这个交叉点也不同，有一个范围值，在这个范围内，鸡群的各项成绩都是最佳的，体质也最好，体能储备也最好，同时种鸡受精率、孵化率也表现为最好。蛋白超过此范围继续增加，可能付出的代价是牺牲产蛋率；同理，蛋白低于此范围继续降低，就会付出牺牲蛋重的代价。在最佳能量蛋白比的范围内，对应的蛋形指数也会有一个特定的数据范围。能量提高或者降低，蛋白提高或者降低，蛋形指数也会随之变化，不同的鸡群有不同的蛋形变化，直观外在表现就是有的鸡蛋短粗，有的鸡蛋细长。

四、根据蛋形指数的数据指导养鸡生产

通过采集鸡蛋，把它们的蛋形指数放在一起，根据蛋形指数和蛋重的变化，判断出当前阶段这批鸡的均匀度，饲料搅拌的均匀度，该阶段饲料的能量蛋白是否在最佳位置上？应上调蛋重还是下调蛋重？判断能量、蛋白质、氨基酸平衡进而指导生产管理，鸡群体能储备如何？是胖？是瘦？是否有体质下降？是否有产蛋波动？通过蛋形指数这些数据可为鸡群做出指导性建议，如：修正玉米豆粕的用量；提示注意的事项，饲料搅拌的均匀度、鸡群均匀度、是否需要防病等。通过这种方式，争取让鸡群少病、不病、高产、优产，做到体质好，体能储备好，争取做到90%产蛋率持续12个月，继而做到700d产500个鸡蛋的目标。

第四节 髓质骨的作用及改善

雌性禽类在性成熟时，在骨髓腔内产生髓质骨。骨骼分为结构骨（皮质骨和网状骨）和非结构骨（髓质骨），髓质骨是雌性鸟类特有的骨组织结构，这种结构主要存在于骨髓腔等骨骼腔体中，在胫骨和股骨的骨髓腔中出现。髓质骨具有一个特殊的功能，即在鸟类繁殖期提供钙元素，因为雌性鸟类需要大量的钙元素形成蛋壳。在大部分情况下，日常摄入的钙很难满足要求，髓质骨正是在这种情况下，为产卵过程提供钙质。随着蛋鸡的周龄增长，肠道对钙的吸收能力与年龄呈负相关，钙离子的吸收能力减弱，机体利用骨钙的能力下降。当吸收的钙不能使蛋壳形成，就会出现产蛋量下降，蛋壳变薄、变脆，产生软壳蛋、无壳蛋等。因此，髓质骨中的钙非常重要，钙的形成和动员直接影响蛋壳的形成。蛋壳是禽类动物繁殖、为避免细菌等有害病菌侵袭以及避免外界压力破损的重要保护壳。蛋壳主要是由96%的碳酸钙和4%有机基质组成。蛋鸡主要从饲料中摄取钙成分，通过机体肠道吸收后，钙沉积在皮质骨中转化生成髓质骨。不同种类的钙、磷化合物在肠道停留的时间不同，机体吸收速度也不同。如果日粮中钙的成分不能满足机体的使用，机体就会动用骨骼肌中的钙成分，其间伴随着肝脏、肾脏的有害物质尿酸盐的沉积，从而导致机体功能紊乱，最终引起机体骨质疏松。因此，体内钙离子的代谢直接影响着蛋壳的形成，且骨骼中髓质骨是蛋壳钙的主要来源。

一、髓质骨研究进展

（一）髓质骨的结构成分

髓质骨是雌性禽类特有，存在于骨髓腔内，是由胶原纤维不规则排列形成的网状骨。髓质骨是产蛋期禽类蛋壳钙的中转站。一部分来自肠道吸收，另一部分来自结构骨中。髓质骨是在1943年由Kyes等在雌性鸽中发现。产蛋期内的禽类骨髓中充满髓质骨，其中髓质骨中的骨针表面分布着许多成骨细胞和破骨细胞。髓质骨是由不规则排列的胶原纤维和非胶原蛋白组成，而胶原纤维表面是由磷灰石结晶组成。髓质骨中的非胶原蛋白、碳水化合物含量均比较丰富，含量高于皮质骨。髓质骨是由皮质骨表面所生长，呈相互交替的骨针形式，且与血管无交叉。髓质骨与皮质骨的矿化均由羟磷灰石晶体组成，髓质骨的羟磷灰石晶体在骨基质中随机排列。在动员钙的吸收速度和钙化速度方面，髓质骨比皮质骨更快。

（二）髓质骨的生理特性

研究表明，髓质骨的产生与雌激素呈正相关，给阉割的雄鸡注射雌激素不会产生髓质骨，同时注射雌激素和雄激素又产生髓质骨，说明髓质骨与雄激素、雌激素有关。蛋鸡在性成熟期间，伴随着雌激素水平的增加，机体内的髓质骨也开始增加，为蛋壳钙做准备。髓质骨在骨骼腔中的面积大且血管丰富，所以骨转化的速度也是皮质骨的10~15倍。Taylor等研究报道，连续7d给产蛋鸡饲喂缺乏钙的日粮，试验结果发现髓质骨破骨细胞的活性和髓质骨量的含量基本没有受到影响，皮质骨的含量降低。

蛋鸡的髓质骨在性成熟前开始形成，产蛋期间大量储存，产蛋周期结束后留少量髓质骨。蛋壳在形成过程中，钙化的髓质骨释放出钙，变为含钙较低的骨基质；蛋壳钙化完成后，在下一个活跃期骨基质又再次钙化。髓质骨的重建钙一部分来自肠道钙的吸收，另一部分来自骨骼钙的溶解。

雌性禽类第三根主翼羽退换后，生殖系统开始自主启动发育，骨髓钙也随之开始加速形成。性发育开始就打破了之前只发育皮质骨时候的钙磷比例平衡［钙：磷为（2~2.2）:1］，需要更多的磷和钙来形成"骨髓钙"，需要适当提高磷和粉末状钙的供应量，有利于骨髓钙的储备。查阅海兰蛋鸡相关资料，105~120日龄的雌性鸡需要磷和钙的含量均提高，对于小体型鸡，由于骨骼的长度、粗度均达不到最佳状态，需要人类提供帮助，让其有更好的骨骼发育和更多的骨髓钙储备；当鸡群到180日龄，体重和产蛋率均达到理想的状态，磷的含量才能适当下调；105日龄之前雌性鸡的骨骼发育也要有一定浓度和比例的钙磷，有利于机体微量元素、维生素的吸收。骨架发育的大小和钙磷以及匹配营养元素有关。

二、髓质骨在蛋鸡产蛋期的作用

髓质骨是雌禽所特有的一种骨组织，在产蛋前不久形成并维持到产蛋期结束直至下一个产蛋过程又重新形成。髓质骨在蛋鸡产蛋期中扮演着存储库作用，给予产蛋鸡缺钙日粮时，髓质骨的比例升高，骨骼以牺牲结构骨来保证髓质骨量。髓质骨的产生和储备，骨髓钙与性成熟启动发育有关。髓质骨形成为蛋鸡产蛋提供足够的钙源，在体内起到"钙库"的功能。蛋壳形成的高峰时段，需要的钙一部分来自饲料，另一部分来自髓质骨提供的"骨髓钙"，饲料中的石粉、粉末状钙不利于蛋壳的形成，原理是粉末状钙会以最快的速度被吸收入血，剩余部分只能被排掉，不被吸收的钙会加重家禽拉稀腹泻。

骨髓钙储存量不够会造成瘫鸡和蛋壳质量下降，"滑液囊后遗症"的鸡蛋主要是这个原因造成。在蛋壳形成过程中，低钙血症刺激了甲状旁腺素激素分泌，从而促进了髓质骨动员。日粮中钙磷浓度和比例不合理，均会导致髓质骨中的钙被过多挪用，最终又导致皮质骨中的钙被迫挪用于形成蛋壳，从而引发笼养蛋鸡骨质疏松症。因此，髓质骨在家禽产蛋中发挥着极其重要的作用。

第五节　新母鸡瘫痪、麻痹、死亡综合征解析

新母鸡瘫痪、麻痹、死亡综合征，虽常被俗称为"新母鸡病"，但并非传统意义上的疾病分类。此病主要影响初开产或高峰期的母鸡，近年来给蛋鸡养殖业带来了不小的损失。当鸡群产蛋率超过20%时，此病便可能陆续暴发，且一年四季均可发生，尤以夏季为甚。

一、病因分析

（一）血氧含量不足

夏季室内外温差小或通风不良时，可能导致血氧含量过低。

（二）呼吸性碱中毒

鸡群在夏季通过呼吸散热时，会大量流失二氧化碳，导致体内 pH 值上升，从而引发碱中毒。特别是在凌晨 3：00 左右，氨气浓度达到高峰，二氧化碳、硫化氢等气体浓度也有所增加，而氧气减少，进一步加剧了碱中毒的风险。

（三）血液黏稠度上升

夜间熄灯后，母鸡饮水不便但排泄正常，导致体内血液黏稠度升高，增加了心脏的负担，最终可能导致心力衰竭。

（四）营养不足

缺乏钙、磷等关键营养元素可能导致肌肉神经麻痹，进而引发瘫痪。

（五）热应激

新母鸡羽毛丰厚，晚间活动量减少，热量不易散出，特别是在凌晨 1：00—3：00，热应激达到高峰，增加了死亡率。

二、病理表现

（一）临床症状

病鸡羽毛丰满，身体健壮，部分鸡冠出现发绀。发病鸡与病死鸡外观相似，但病鸡头部多下垂，翅膀松垮拖地，多呈现瘫软状态，对外界刺激反应迟钝，严重者甚至昏迷。

（二）剖检变化

腺胃肿大、塌软，内部黏膜多溃疡、溃烂，部分出现穿孔。腺胃乳头肿大、塌软，挤压有乳样或红褐色液体流出。肺部淤血，轻微水肿。输卵管内多含有一枚硬壳鸡蛋，鸡蛋外观正常。其他器官未见特异病变。

经医学检查，发现卵泡存在不同程度的充血现象，肠道表现出轻度的卡他性病变，肝脏出现肿大，肾脏存在水肿。然而，这些症状均不足以作为判定"新母鸡病"的依据。

针对上述病情，我们制定了以下治疗措施。首先，为鸡群提供含有 200g 维生素 C 的饮用水，以促进其健康恢复。其次，在凌晨时段开启照明灯半小时，引导鸡群饮水，并加强夜间的通风换气，以优化饲养环境。

关于热应激问题，对于产蛋鸡群而言，其最大的挑战在于由此引发的营养问题。炎热的天气不仅影响肠道消化酶的合成，降低食欲，而且鸡群饮水量的增加会加速肠道蠕动，使食糜在消化系统中的停留时间缩短。此外，过多的饮水会进一步冲淡消化液，导致营养摄入减少而排出增多。研究表明，鸡群在应对炎热时所消耗的营养甚至超过了对抗寒冷的消耗，这无疑加剧了鸡群的营养不足，进而影响了其生产性能和鸡蛋品质，削弱了机体的免疫功能，最终可能导致死淘率的上升。

为应对这一问题，建议在天气炎热时，向鸡群的饮水或饲料中添加复合的维生素 C 和牛磺酸，尤其是添加 γ-氨基丁酸。这一措施不仅有助于缓解新母鸡病的症状，还能有效减轻高温热应激对产蛋鸡群的影响，提升整体鸡群的健康水平。

第六节　蛋鸡坏死性肠炎的发病机理及营养调控措施

坏死性肠炎是一种常见的由产气荚膜梭菌感染所引发的一种严重的肠道疾病，在临床上又被称为肠毒血症。该病传播速度非常快，可对蛋鸡胃肠道的消化、吸收功能造成严重损伤，进而影响其正常的生长性能和产蛋性能，甚至造成鸡群大批量死亡。此外，病鸡还容易并发感染其他消化道疾病，增加养殖场的经济损失。因此，了解蛋鸡坏死性肠炎的发病机理，并采取科学的营养调控措施，对维持蛋鸡健康和正常的生产性能具有重要的意义。

一、坏死性肠炎的致病原

通常认为，坏死性肠炎主要是由产气荚膜梭菌感染所引发的一种肠道组织坏死性疾病，产气荚膜梭菌是鸡肠道中的常在菌群，在正常情况下不会引起发病。当鸡群受到外界环境、饲养不当、自身疾病等刺激作用时则可引发本病，当肠道尤其是盲肠内环境改变时，产气荚膜梭菌数量就会发生变化，进而导致鸡群发病。

二、蛋鸡坏死性肠炎的发病机理

当饲料中的蛋白质等营养因子成分发生改变，或者蛋鸡受到外界刺激，出现免疫异常、电解质失衡等情况，导致蛋鸡肠道微生物菌群平衡被打破，特别是蛋鸡的盲肠健康出现问题后，肠道中稳定的微生物群受到影响，有益菌群数量减少，就会给产气荚膜梭菌大幅增加提供条件。当有球虫感染或者霉菌毒素导致的蛋鸡肠黏膜脱落引起的假膜覆盖区域（厌氧环境），产气荚膜梭菌逆行往上走到小肠部位，也会给产气荚膜梭菌的大量增殖提供生存空间。此外，养殖密度过大，会导致蛋鸡肠道的 pH 值和黏附性等物理状态发生改变，肠道呈现碱性环境，更易于产气荚膜梭菌的增殖。

在肠道定植的产气荚膜梭菌会释放出大量的毒素，导致动物小肠黏膜坏死或者溃疡，破坏肠道的生态稳定性，并引发严重的炎性反应。导致肠上皮细胞的损伤、坏死等标志性特征，感染后的蛋鸡肠上皮细胞损伤和死亡会持续发生。同时小肠绒毛因广泛的细胞损伤而塌陷，继而导致肠道功能沦陷，引发坏死性肠炎，严重者甚至出现死亡。

三、营养调控措施

（一）科学配比饲料

能量和蛋白质配比不合适的饲料，会导致某些营养无法完全消化吸收，一方面让营养流失，另一方面让肠道杂菌滋生，引发菌群紊乱甚至肠炎。含动物性蛋白（鱼粉）和高蛋白水平的日粮、含高比例小麦或大麦型日粮（NSP 非淀粉多糖）的日粮、饲料颗粒过小和粉末过多的日粮均已被证实与坏死性肠炎的高发生率相关。

另外，饲料的粗纤维含量偏低，也容易引发盲肠健康问题，导致产气荚膜梭菌大量增殖而坏死性肠炎，因此需要在饲料中适当提高粗纤维的比例。

（二）维持肠道菌群平衡

每年的夏季，尤其是进入伏天以后，高温高湿导致鸡群采食量下降，也导致体能储备和体质严重下降，除了必须做好营养和管理措施以外，在这期间保证蛋鸡的肝肠持续健康尤为关键，在肠道健康方面，可以保留甲酸钙的添加量，同时补充以丁酸梭菌+复合酶为主的产品"菌酶康"，可以最大程度抑制杂菌，改善消化吸收能力，维护有益菌的主导地位，最大程度保障肠道健康。

产气荚膜梭菌属于条件致病菌，当肠道微生态平衡被破坏时，容易大量定植，引发疾病，因此改善蛋鸡的肠道内环境，维持肠道菌群平衡，有助于降低本病的发生。在养殖过程中可以在饲料中添加由丁酸梭菌、凝结芽孢杆菌、枯草芽孢杆菌、木聚糖酶、葡萄糖酶、纤维素酶等组成的微生态复合制剂。预防时按照 200~400g/t 的剂量添加到饲料中，搅拌均匀饲喂鸡群。治疗时按照 1 500~2 000g/t 的剂量添加拌料，连续用药 3~5d，随后减至 1 000g/t。微生态与酶的有机结合，可以促进内源消化酶的分泌，降解饲料中存在的抗营养因子，减少其对肠道的损伤，进而降低球虫等致病原的入侵。同时，还可以保持蛋鸡肠道内环境的相对稳定，维持相对厌氧，且 pH 值较低的酸性环境，促进乳酸菌、双歧杆菌等有益菌群的繁殖，减少产气荚膜梭菌、沙门氏菌等有害菌群的增殖。雏鸡青年鸡阶段一定要注意粗纤维和微生态复合制剂的合理使用，有助于盲肠段健康，盲肠健康是保持良好的肠道健康的重要环节。

（三）霉菌毒素的控制

霉菌毒素会破坏蛋鸡消化道黏膜，导致一系列的消化道问题，比如腺肌胃炎、肠炎、肠黏膜脱落、出血等。在养殖中需要加强对蛋鸡饲料购买及保存工作的监管，必须购买符合质量要求的饲料原料，选择阴凉、干燥处储存饲料，严禁使用发霉、变质的饲料饲喂鸡群，必要时可在饲料当中添加制霉菌素，给家禽饮用 0.05% 的硫酸铜水，防止霉变饲料引发肠道炎症。

（四）修复肠道损伤

球虫或者其他寄生虫寄生在蛋鸡肠道会破坏肠道上皮细胞，导致肠道炎性损伤，增加坏死性肠炎的发生率，在养殖过程中须加强对球虫等寄生虫的控制。加强对蛋鸡饲养环境、垫料、饮水等卫生管理，降低球虫接触球虫卵的机会，也可以接种相关疫苗，提高鸡群抗体。对于发生肠道疾病的鸡群，可使用微生态复合制剂配以常乐安、三丁酸甘油酸、牛至双炎净、专业粗纤维进行治疗，有助于修复肠道损失，快速止泻。

综上，蛋鸡坏死性肠炎主要是由于产气荚膜梭菌感染引发，在养殖中较为常见，该病主要与饲养管理不当所致的肠道菌群失衡、肠上皮细胞损伤等诱发条件有关。通过科学配比饲料，使用微生态、酶制剂，同时控制饲料中霉菌毒素等，有助于改善鸡群肠道健康，降低坏死性肠炎的发生率。

第七节　脱肛死淘率高的原因及解决措施

首先要明确的是，脱肛的主要原因还是发育问题，如果必须指出根源，我们可以理解为首先是"鸡蛋的形状超出输卵管的承受能力"，这种脱肛比较容易发生在上午；其次是机体偏瘦导致输卵管复原无力，这种脱肛情况多发生在下午。

一、脱肛死淘率高的原因

光照是加剧发病程度的罪魁祸首，但是它不是起因，起因还是要从如何促进发育入手。产蛋期的成绩 80% ~ 90% 的功劳来自前期培育，而前期培育包括育雏、育成、预产、爬坡期，无论哪个阶段出现不良成绩，都会对随后的健康和产量产生影响。

二、解决措施

(一) 首先解决 12 周前的骨架发育问题

选择优质开口料，其标准为粗蛋白水平不低于 20%，氨基酸水平要高，平衡种类越多越好；能量水平不低于 2 900kcal/kg。开口料可以提供促进腺胃肌胃发育的营养或者加工工艺，比如开口料中添加健胃砂并足量添加分解霉菌毒素的解霉剂，采用低温制粒工艺等。

另外，优质的开口料可以让鸡群在前 3 周就保持良好的内脏器官和胫骨发育速度，为后期的体重、胫骨双达标打好基础。

基于此，每周进行胫长和体重的测量工作就非常重要。要确保每周都有胫长达标率和体重达标率，以及体重均匀度指标，方便及时进行配方调整，这是真正做到 42d 定终生的关键途径。这一点如果做不到，其他途径也很难实现。

青鸡转群后的问题越来越多（60 日龄），究其深层次原因如下。转群后的管理；体重胫长发育；胃口大小的管控；肝肠健康管理等。

60~75 日龄，也称为转群期或者体质恢复期。刚买来的青年鸡，体重、胫长达标的不是太多，非常健壮的也不是太多，经过抓鸡转群、环境突变等多种应激因素的累加，转群后的半个月，如何防病是头等大事。无论是买来的青年鸡还是自己培育的，转群后的工作方向都差不多。很多鸡群在 70~80 日龄会出现发病，滑液囊支原体也是这个日龄开始出现或者已经进入潜伏期内的。这个阶段特别关键，营养供给、抗应激、防病抗病、如何快速恢复体质和提高采食量等工作都要做好，营养方面对能量、蛋白质、氨基酸及维生素较为敏感。

建议措施如下。

（1）继续使用雏鸡预混料配制饲料，为鸡群提供均衡营养。

（2）体重、胫长发育不好的，及时使用健脾增重王，补充壮骨强壳素和甲酸钙、磷酸氢钙，促进鸡体全方位发育。

（3）环境温度变化大，适当使用安激灵补充维生素 C、维生素 E、牛磺酸、γ 氨基丁酸，提高采食量、免疫力和抗应激能力，前 7~10d 适当增加能量，有助于让鸡群快速恢复体质和生长，根据鸡群情况确定如何做好滑液囊支原体和传支的防治。

（4）科学配制饲料，一定要使用益能宝功能酶和肝肠健，确保饲料的消化吸收率和鸡群的肝肠健康，还有均匀度的管理。

（二）解决 12 周后的采食量和肠道容积问题

满足了 12 周之前的骨架发育以后，12 周至开产要确保鸡群有更好的采食量和肠道容积。此阶段麸皮最少要添加 8%，这是促进肠道容积发育的关键，也是补充粗纤维的关键。科学使用粗纤维饲料或者使用专业的粗纤维，会让鸡群拥有更好的肠道容积以及促进肠道内有益微生物菌群的建立。

随时关注采食量，如果采食量低，要用健胃砂促进采食量，并要增加匀料和控料工作，保持鸡群的采食欲望。

消化系统发育好，机体对饲料的消化吸收能力也会提高，饲料消化率提高，营养自然更容易被吸收和利用，解决好这个问题之后，鸡群爬坡期的体重均匀度、骨架发育和抗体水平才会更好，70%的鸡群脱肛问题也能得到很好解决。

（三）解决好加光时间、方式、光照强度

加不加光各有利弊，值得大家记住的是，任何阶段适当延长光照时间有都助于体重发育。当前采用的加光有如下几种。第一种一直等到见蛋再加，约 115~120 日龄，这种方式其实就是等到卵泡快成熟时再加光，缺点是不利于成本控制和无法保证每一批都能够准时开始。第二种是 105 日龄加光，然后每周或者每天都加的方式。

其实，这两种都有好处也有缺陷，第一种不利于体重均衡发育，很容易出现开产延迟，导致成本增加，但有助于控制脱肛；第二种有利于提前开产和高峰期，但有可能会加大脱肛风险和面对内脏发育不完全的尴尬。

使用建议如下。100~105 日龄，不管体重是否达标，都可以加光至 12.5~13h，恒定至 125~130 日龄，125 日龄或 130 日龄的选择，取决于发育和当地销售鸡蛋的方式，喜欢小一些就提前，喜欢大鸡蛋就推迟。

这样做的好处是 100~130 日龄，采用恒定光照更有利于生殖系

统的均衡发育，更有利于控制卵泡准时发育。采用这种方式，5%产蛋率以后的增速特别快，还不会有脱肛啄肛，有助于节省蛋白原料，好处多多，增收多多。

第八节　内脏器官早衰的解决方案

在农业领域中，高产蛋鸡的饲养是一个复杂且精细的过程。这些鸡通常在120~140日龄时达到性成熟，160~170日龄其产蛋率便能达到惊人的95%以上。但随后，产蛋率会逐渐下滑，在接下来的6~12个月，仍能维持在90%以上的高水平。这主要与鸡的体能储备、卵巢生命周期及活力有关。

对于高产蛋鸡来说，内脏器官的工作能力和体能储备更为关键。

一、内脏早衰的表现

有时，我们会观察到鸡的鸡冠出现萎缩、变薄、倒伏或偏瘦的情况，这不仅仅是因为激素水平偏低，更多见于内脏器官的功能衰退。为了确保饲养周期的延长，提高内脏器官的工作能力成为重中之重。在养殖现场，蛋壳质量和产蛋率无疑是衡量蛋鸡饲养效果的最直观指标。当蛋壳质量变差或产蛋率降低时，这往往与鸡群内脏系统的老化及营养物质吸收能力的下降有关。为了确保最佳的饲养效果，我们必须关注营养、疾病、饲养管理及氧化应激等方面的影响。

二、氧化应激是机体疾病与衰老的根源

它不仅会导致蛋鸡贫血，使其冠髯、蛋壳、肌肉和羽毛褪色、生产力下降，还会对黏膜造成损伤，引发各种炎症。此外，氧化应激还会导致卵泡闭锁，使可用卵泡的数量减少，从而影响产蛋性能。

为了解决这些问题，我们需要深入研究氧化应激的机制和影响，并采取有效的措施来降低其对鸡群的危害。只有这样，我们才能确保蛋鸡的健康和最佳的产蛋性能。

蛋清品质下降与氧化应激加重的关联在深入探索鸡卵巢机能与蛋清品质的奥秘中，我们发现了一个令人瞩目的现象：鸡卵巢机能的下降，似乎并不完全与血清中激素的量相关。这意味着，传统的观念需要被重新审视。

最新研究结果揭示：氧化应激的加重，可能是导致蛋清品质下降的关键因素。在众多家禽养殖场中，鸡卵巢和输卵管机能的正常与否，直接影响着蛋清的品质。

然而，随着养殖条件的改变和养殖日龄的增加，鸡卵巢机能出现下降的情况越发普遍。尽管激素在鸡卵巢机能中发挥着一定的作用，但最新研究表明，氧化应激的加重，可能是更为重要的影响因素。

三、解决方案

为了解决这一问题，科学家们正在积极研究如何通过改善养殖环境、调整饲料成分以及采取有效的疾病防控措施，来降低鸡体内的氧化应激水平。同时，对于已经出现卵巢机能下降的鸡群，也正在尝试通过补充抗氧化物质或使用相关药物进行治疗，以恢复其卵巢机能和蛋清品质。这一发现对于养殖业来说具有重要意义。它不仅揭示了鸡卵巢机能下降与蛋清品质之间的新关联，也为养殖户提供了一种新的思路和方法来提高蛋清品质和食品安全水平。

参考文献

樊航奇，张敬，2014. 蛋鸡饲养技术手册 ［M］. 2 版 . 北京：中国农业出版社.

康相涛，田亚东，2011. 蛋鸡健康高产养殖手册 ［M］. 郑州：河南科学技术出版社.

李同洲，2008. 蛋鸡饲料手册 ［M］. 北京：中国农业大学出版社.

魏刚才，刘保国，2010. 现代实用养鸡技术大全 ［M］. 北京：化学工业出版社.

杨菲菲，2021. 现代蛋鸡养殖关键技术精解 ［M］. 北京：化学工业出版社.

周发亚，2011. 蛋鸡标准化养殖技术手册 ［M］. 南京：江苏科学技术出版社.